AF572999

S OQ 45 H

Christof Vieweg

Heilige Hallen

Die geheime Fahrzeugsammlung von Mercedes-Benz –
Autos, die Geschichten erzählen

DELIUS KLASING VERLAG

INHALT

BEWEGENDE BEGEGNUNGEN

An geheimen Orten wie diesem bewahrt Mercedes-Benz seine Modelle für die Nachwelt auf. Es sind die Schatzkammern der Stuttgarter Automarke – die „Heiligen Hallen“. Hier wecken 1.000 Auto-Klassiker buchstäblich bewegende Erinnerungen.

MOBILE GESELLSCHAFT

Die „Heiligen Hallen“ sind kein Museum. Weil die Autos ständig in Bewegung sind, hat keines einen festen Platz. So treffen Modelle aller Epochen aufeinander – und erzählen von der großen Tradition der Marke mit dem Stern.

S B 14 H
170 S
S B 38H
III A-29869

WAHRE WERTE

Unikate wie dieser älteste aller 300 SL-Sportwagen gehören zu den größten Kostbarkeiten in den „Heiligen Hallen" von Mercedes-Benz. Es sind Automobile von unschätzbarem Wert.

SALZGITTER
Paffett
BOSCH
AMG
Lohr
DEKRA
point S
BOSCH
DEKRA
22
point S
W59-4029

SIEGREICHES SILBER

Die Motorsporthalle ist das letzte Parkhaus der Silberpfeile. Hier treffen die Grand-Prix-Sieger der Neuzeit auf ihre Ahnen, die schon vor 100 Jahren Große Preise gewannen.

Jäger
Mercedes-Benz
DEKRA
R. Asch
CAMEL
E-POSTBRIEF
aabar
Mercedes-Benz
SYNTIUM
PETRONAS
PETRONAS
Autonomy
MIG BANK
PETRONAS
Mobil 1

TECHNISCHE TRENDSETTER

Mit dem C 111 wurden in den 1970er-Jahren neue Motoren erprobt und Weltrekorde aufgestellt. Viele solcher Mercedes-Prototypen bleiben in den „Heiligen Hallen“ der Nachwelt erhalten.

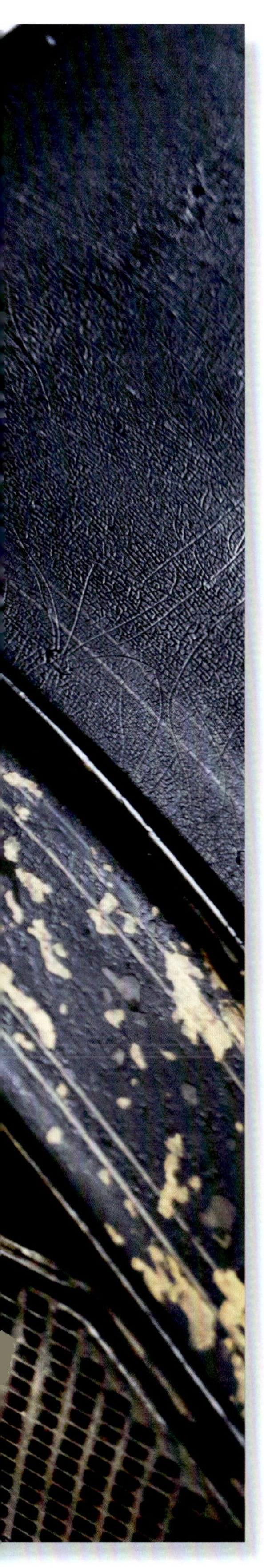

DIE SCHATZKAMMER

Die Fahrzeugsammlung von Mercedes-Benz Classic:
130 Jahre Automobilgeschichte in zwölf „Heiligen Hallen".

MÄNNER, MOTOREN UND MODELLE

Das Foto vom Besuch einer osmanischen Gruppe im Sammlungsraum der Daimler-Motoren-Gesellschaft ist das älteste Dokument, das die Anfänge der werkseigenen Fahrzeugkollektion zeigt. Es entstand 1911.

Technisches Archiv: Der erste Sammlungsraum diente um 1911 vor allem den Konstrukteuren für Studien und Recherchen.

Die Gäste waren weit gereist. Tausende Kilometer hatte die Delegation aus dem Osmanischen Reich zurückgelegt, um Deutschland zu besuchen und Gespräche mit Vertretern von Politik und Wirtschaft zu führen. In Stuttgart zog es die gut 50-köpfige Gruppe zur aufstrebenden Daimler-Motoren-Gesellschaft (DMG), die sieben Jahre zuvor ihr neues Untertürkheimer Werk in Betrieb genommen hatte. Dort wollten sich die Besucher über Herkunft und Technik des Automobils informieren – und bekamen einiges geboten: Nach dem Rundgang durch die Produktion führte man sie in eine zum Museum umgebaute Halle, die eine kleine Sammlung von Fahrzeugen, Motoren und anderen Exponaten aus der seitherigen Firmengeschichte enthielt: von Daimlers erstem Viertakter über den Motorwagen von 1892 bis zu einem der ersten motorisierten Lastwagen.

An jenem Tag im Jahre 1911 entstand eine Fotografie, die als ältestes Dokument für die Anfänge der firmeneigenen Fahrzeugsammlung gilt. Sie zeigt die osmanischen Besucher in dem kleinen Museum und macht deutlich, dass man bei der DMG schon früh bestrebt war, auch in Zeiten schnellen technischen Fortschritts die Geschichte des Automobils zu bewahren und die Firmentradition lebendig zu halten. „Zukunft braucht Herkunft" lautete offenbar schon damals das Kredo, das in ähnlicher Weise auch für die Firma von Carl Benz galt, wo man gemäß eines zeitgenössischen Presseberichts ebenfalls schon zu Beginn des 20. Jahrhunderts eine Sammlung „von hohem historischem Wert" besaß.

Aus dieser damals noch recht rudimentären Ausstellung hat sich bis heute eine der weltweit größten und bedeutendsten Fahrzeugkollektionen entwickelt. Neben dem umfangreichen Firmenarchiv gibt die Sammlung mit ihren insgesamt mehr als 1.000 Automobilen Auskunft über nahezu alle seit 1886 hergestellten Modelle von Daimler, Benz und Mercedes-Benz. Damit sind Fahrzeugsammlung und Archiv quasi das Gedächtnis der Automarke und bilden auch das Rückgrat aller Aktivitäten, mit denen das Stuttgarter Unternehmen an seine große Tradition erinnert. Die rund 160 Fahrzeuge in der Ausstellung des Mercedes-Benz Museums in Untertürkheim stammen ebenso aus der Fahrzeugsammlung wie die historischen Modelle, die Mercedes-Benz Classic mehrmals pro Jahr in allen Teilen der Erde auf Messen, Veranstaltungen und Schönheitswettbewerben präsentiert oder bei Oldtimerrallyes an den Start schickt.

Doch anders als das Werksmuseum war die Fahrzeugsammlung nie öffentlich – und ist es bis heute auch nicht. Die historischen Autos „parken" an geheimen Orten außerhalb Stuttgarts, die man seit jeher ehrfürchtig „Heilige Hallen" nennt: Zwölf streng bewachte Schatzkammern mit insgesamt rund 15.000 Quadratmetern Fläche, auf denen Exponate aus mehr als 130 Jahren Automobilgeschichte gesammelt werden; ein in jeder Hinsicht einzigartiges Depot, das neben der stattlichen Anzahl historischer Modelle auch durch eine Kollektion automobiler Kostbarkeiten beeindruckt, die es weltweit nirgendwo anders gibt.

Rollende Geschichte: Im Juli 1925 gingen Modelle der Fahrzeugsammlung auf die Reise zu einem Autokorso in München.

Erste Ausstellung: Ab 1937 präsentierte Mercedes-Benz im Werksmuseum 29 Autos, 22 Motoren und ein Motorboot.

Diente der Ausstellungsraum zu Beginn des 20. Jahrhunderts hauptsächlich nur der technischen Dokumentation, für Konstruktionsstudien oder Patentrecherchen, so begann man ab 1923 mit der systematischen Sammlung historisch bedeutsamer Fahrzeuge und Technikexponate. Damit wurde auch die Grundlage für ein erstes kleines Werksmuseum geschaffen, das im Lauf der Zeit immer mehr Menschen anzog. Neben dieser öffentlich zugänglichen Ausstellung entwickelte sich die firmeneigene Fahrzeugsammlung quasi im Hintergrund weiter. Stetig kamen nicht nur neue Serienmodelle sondern auch die nach den Wirren des Ersten Weltkriegs noch existierenden Rennwagen dazu, die das Unternehmen schon damals für Messepräsentationen oder Veranstaltungen nutzte. Daran erinnert zum Beispiel ein Foto vom Juli 1925, das sechs historische Modelle der Sammlung und zwei Rennwagen vor ihrem Transport von Stuttgart nach München zeigt, wo die Autos an einem Korso teilnahmen.

Rund zehn Jahre später war die Zeit gekommen, um die Geschichte der seit 1926 vereinten Unternehmen Daimler und Benz in einem offiziellen Werksmuseum lebendig zu machen. Es öffnete im Frühjahr 1937 seine Pforten und präsentierte laut Museumsführer „alle mit großer Sorgfalt erfassten Daimler- und Benz-Erzeugnisse von dem Anfangsjahr 1883 an, welche wichtige Stufen in der Entwicklung der Motorisierung bedeuten." Insgesamt hatte man 16 Fahrzeuge der DMG, neun Wagen von Benz sowie vier Automobile der 1926 gegründeten Gemeinschaftsmarke Mercedes-Benz zusammengetragen. Dazu kamen 22 Motoren, drei Schienenfahrzeuge und das Daimler-Motorboot „Marie" von 1888. Allerdings verhinderte der Zweite Weltkrieg die weitere Entwicklung von Museum und Sammlung. Um die historischen Automobile vor den Angriffen auf das Werk zu schützen, lagerte man sie auf Werksniederlassungen in alle Teile Deutschlands aus oder versteckte sie an geheimen Orten.

So begann nach Kriegsende eine aufwendige Sucharbeit. Was in den westlichen Besatzungszonen an Autos und Exponaten noch erhalten war, wurde nach Stuttgart zurückgebracht, sodass der Bestand im „Abstellungsraum für historische und Ausstellungs-Motoren, -Fahrzeuge und -Aggregate" bereits 1949 wieder einen ansehnlichen Umfang erreichte. Nur die 21 Autos aus den Baujahren von 1885 bis 1922, die Mitarbeiter des Unternehmens während des Krieges nach Ostdeutschland gebracht hatten, waren für die Werkssammlung zunächst einmal verloren. Die sowjetische Besatzungsbehörde verweigerte die Rückgabe der Fahrzeuge.

Mercedes-Benz begann deshalb, die Lücken im Sammlungsbestand durch Ankäufe zu schließen. Davon zeugt zum Beispiel ein Brief vom Juli 1953, mit dem man bei den Werksniederlassungen nach „markanten Konstruktionen" forschte, um die Sammlung zu ergänzen. Erst nach der Wiederverei-

Starkes Wachstum: Anfang der 1950er-Jahre gehörten über 200 Fahrzeuge, Fahrgestelle und Motoren zur Sammlung.

„Ziel und Zweck der Fahrzeugsammlung war es schon immer, die eigene Geschichte zu bewahren und lebendig zu machen."

Christian Boucke,
Leiter Mercedes-Benz Classic und Leiter der Geschäftsführung des Mercedes-Benz Museums.

nigung der beiden deutschen Staaten kamen die einst in Ostdeutschland ausgelagerten Exponate Anfang der 1990er-Jahre wieder zurück ins Werk nach Stuttgart.

So wurde nach und nach auch die Grundlage für ein neues Werksmuseum geschaffen, das 1951 seine Pforten öffnete. Wegen Platzmangels musste die Ausstellung aber in den folgenden Jahren 3-mal in andere Gebäude umziehen. Immerhin: Ende 1952 umfasste die Sammlung bereits mehr als 200 Autos, Fahrgestelle, Motoren und andere Ausstellungsstücke. Weil das Interesse stetig zunahm und immer mehr Menschen das Werksmuseum besuchten, begann 1955 die Planung eines neuen Gebäudes auf dem Gelände des Werks Untertürkheim. Es wurde 1961 anlässlich des 75-jährigen Automobiljubiläums feierlich eröffnet und bot auf 3.250 Quadratmetern Ausstellungsfläche Platz für rund 100 Fahrzeuge. 1965 zählte die Museumsleitung bereits knapp 102.000 Besucher pro Jahr.

Unterdessen waren in Stuttgart immer wieder Meldungen aus Teilen der Erde eingetroffen, die über weitere historisch interessante Autos berichteten – oft waren diese Hinweise auch mit dem Angebot verbunden, die Fahrzeuge für die werkseigene Sammlung zu erwerben. Längst hatte man deshalb den „Abstellungsraum" aufgegeben und außerhalb Stuttgarts neue Räumlichkeiten gefunden, wo die historischen Automobile mehr Platz fanden. Es waren die ersten „Heiligen Hallen".

Als Ende der 1990er-Jahre die Pläne für den Bau eines größeren Museums reiften, umfasste die Fahrzeugsammlung rund 500 Automobile und bot somit genug Auswahl für eine themenbezogene Gestaltung der verschiedenen Ausstellungsbereiche des neuen Mercedes-Benz Museums, das am 19. Mai 2006 eröffnet wurde.

Für Erhalt, Pflege und Erweiterung der Fahrzeugsammlung in den „Heiligen Hallen" gelten seit jeher verbindliche Regeln. Sie sollen gewährleisten, dass auch weiterhin die historisch bedeutsamen Modelle der Marke erhalten bleiben und zukünftigen Generationen zur Verfügung stehen. Deshalb sieht die Konzeption der Sammlung seit Beginn der 1980er-Jahre vor, bei einem Modellwechsel das jeweils letzte Fahrzeug der auslaufenden Baureihe zu übernehmen. Diese „Bandabläufer" kommen also direkt von der Produktion in die „Heiligen Hallen" und sind somit an dem stetigen Wachstum der Kollektion um jährlich rund 30 Fahrzeuge beteiligt. Gesammelt werden weiterhin auch die Rennwagen der Neuzeit, Autos mit wegweisender Technik oder Mercedes-Modelle, die aufgrund ihrer prominenten Vorbesitzer zu interessanten Zeitzeugen wurden.

Solche Modelle für die Nachwelt zu pflegen und aufzubewahren, betrachten die Mitarbeiterinnen und Mitarbeiter von Mercedes-Benz Classic – ebenso wie ihre Kollegen in den letzten 120 Jahren – als Auftrag und Verantwortung.

Serienmodelle bis 1945

RAUM UND ZEIT

In einer der „Heiligen Hallen“ bewahrt Mercedes-Benz Automobile auf, die zu den ältesten der Welt gehören. Darunter sind Originale der ersten Motorwagen von Benz und Daimler ebenso wie andere unvergessene Mercedes-Modelle, die an buchstäblich bewegende Zeiten erinnern – Autos, die Geschichten erzählen.

Cannstatt
III A-29869

IM WANDEL DER ZEIT

Der Blick in diese „Heilige Halle“ zeigt, wie aus motorisierten „Kutschierwagen“ richtige Autos wurden. Zwischen dem Benz Velociped mit Vollgummireifen (vorn rechts) und dem windschnittigen Sport-Roadster liegen rund 40 Jahre.

DAS ERSTE SERIENAUTO

Das Benz „Velociped“ (im Vordergrund) gilt als das erste Großserienauto der Welt. Es wurde ab 1894 acht Jahre lang hergestellt und rund 1.200-mal verkauft. Das Nachfolgermodell war der Benz „Ideal“ (hinten).

KURBEL STATT LENKRAD

Auf den ersten Blick sieht dieses Benz „Mylord-Coupé“ von 1901 einer Pferdekutsche zum Verwechseln ähnlich. Der Kutscher – pardon: der Fahrer – musste an einer Kurbel drehen, um das zehn PS starke Auto zu lenken.

S OV 12 H

VON SPORT BIS SUPER-SPORT

Rennsiege machten den Mercedes-Benz Typ S („Sport“) ab 1927 weltbekannt. Doch großer Ruhm bedeutet nicht immer auch große Stückzahlen: Es gab nur 290 Exemplare. Hier sind zwei zu sehen: ein „Super-Sport“ (rot) und ein „Super-Sport-Kurz“.

LUXUS- UND ERFOLGSWAGEN

Der Blick ins Interieur des Maybach Zeppelin DS 8 (links) und der Mercedes-Benz 170 (oben) erinnern an die Wirren der frühen 1930er-Jahre, als dem Luxus die Krise folgte. Der preisgünstige, aber technisch innovative 170er erwies sich als das richtige Auto in dieser Zeit. Er wurde zum Erfolgswagen.

FORM UND FUNKTION

Der auf dem Ersatzreifen befestigte Rückspiegel war nur eines von vielen raffinierten Details des ebenso teuren wie schönen Mercedes-Benz 500 K von 1934. Hier rollt ein viersitziges Cabriolet aus einer der „Heiligen Hallen“.

OEL
Gas

TECHNIK UND ÄSTHETIK

Schmetterlingstüren und rote Ledersitze luden beim Typ 320 zum Einsteigen ein. Die Stromlinien-Limousine wurde ab 1937 als „Autobahnkurier“ angeboten.

DER WAGEN OHNE PFERDE

Benz Patent-Motorwagen:
Die originalgetreue Rekonstruktion des ersten mit Benzin betriebenen Autos erinnert an die Anfänge einer neuen Ära der Mobilität.

Das erste Automobil mit Benzinmotor war ein technischer Quantensprung, ein Erfolgstyp war es aber nicht. Vom „Modell 1“, wie Carl Benz seine zukunftsweisende Konstruktion aus dem Jahre 1886 nannte, wurde nur ein einziges Exemplar hergestellt, und auch das „Modell 2“ bot der Mannheimer nicht zum Verkauf an. Erst die dritte Version des Patent-Motorwagens hielt dem strengen Urteil seines Erfinders stand und fand neben Lob und Anerkennung vieler Zeitgenossen auch die ersten Käufer: Zwischen 1888 und 1893 lieferte die Firma Benz & Cie. etwa 25 Exemplare dieses Dreiradwagens an Kunden aus. Heute existiert wohl nur noch eines dieser Fahrzeuge. Es wurde nach England geliefert und wechselte im Frühjahr 1913 für fünf britische Pfund in den Besitz des Londoner Science Museums, dessen Fachleute den Benz nicht nur pflegten und restaurierten sondern auch regelmäßig fuhren.

Auch Benz' „Modell 1“ existiert noch heute. Den aus seiner Sicht nicht verkaufsfähigen Prototypen stellte Carl Benz beiseite und nutzte dessen Motor als Antriebsaggregat für eine Maschine. Als jedoch nach der Jahrhundertwende ein Streit über die Frage entfachte, wer den ersten Motorwagen gebaut hatte, ließ Benz seinen Urtyp wieder komplettieren – und konnte damit seine Pioniertat eindrucksvoll beweisen. Im Jahr 1906 stiftete er dieses „Modell 1“ dem Deutschen Museum in München, wo es seitdem aufbewahrt wird. Da der Motorwagen noch aus den Händen des Erfinders stammt, gilt er als das älteste, original erhaltene Automobil der Welt.

Angesichts der Tatsache, dass nur noch zwei Exemplare des Patent-Motorwagens existieren, suchte Daimler-Benz nach anderen Möglichkeiten, dieses wichtige Stück Automobilgeschichte bewahren und präsentieren zu können. So entstand die Idee, originalgetreue Replikas anzufertigen, was allerdings kein einfaches Vorhaben war. Denn weil die Konstruktionsunterlagen fehlten, musste jedes Detail neu erdacht und mit speziellen Werkzeugen angefertigt werden – in Handarbeit. Die Lehrwerkstätten der Werke Mannheim und Untertürkheim übernahmen diese anspruchsvollen Aufgaben und stellten in den 1930er- bis 1980er-Jahren etwa 20 funktionsfähige Replikas des Patent-Motorwagens auf die Räder. Sie gehören heute zur Mercedes-Fahrzeugsammlung.

Es sind zwar keine Originale von 1886, aber dennoch wichtige Exponate, die Einblicke in eine Zeit geben als ein weitsichtiger Ingenieur seinen Traum verwirklichte, mit einem „Wagen ohne Pferde“ verreisen zu können.

Mit konzentriertem Blick nach vorn steuerte Carl Benz das „Modell 3“. Neben ihm saß sein Mitarbeiter Josef Brecht.

Mercedes

GENERATION EINS

Mercedes-Simplex 40 PS von 1902:
Dieser weiße Viersitzer aus den „Heiligen Hallen" war das Nachfolgemodell des ersten Mercedes. Er zählt zu den ältesten, noch erhaltenen Modellen der Stuttgarter Marke.

Wenn Geld keine Rolle spielt, können Träume Wirklichkeit werden. Emil Jellinek hatte Geld – und viele Träume. Die meisten drehten sich um das Automobil, das den 1853 in Leipzig geborenen Österreicher besonders faszinierte. Im Jahre 1897 wurde er auf die Daimler-Motoren-Gesellschaft (DMG) aufmerksam, die er noch im Oktober des gleichen Jahres besuchte und spontan das Modell kaufte, mit dem man ihn vom Bahnhof abholte: einen Doppel-Phaeton mit Riemenantrieb. Es war der Beginn einer spannenden Geschäftsbeziehung. Denn der quirlige Geschäftsmann erkannte schnell, dass ihm Automobile nicht nur Spaß machten, sondern dass er damit auch Geld verdienen konnte. An seinem Winterquartier im südfranzösischen Nizza hatte er viele wohlhabende Zeitgenossen kennengelernt, die sich ebenfalls für Autos begeisterten und sich als „Herrenfahrer" bei den damals immer beliebteren Rennen präsentieren wollten.

Erfolge bei diesen Wettfahrten erwiesen sich auch für die Motorwagen aus dem Schwabenland als gute Reklame – und machten Jellinek zum Großabnehmer bei der DMG: 1899 orderte er zehn Autos, was immerhin rund zehn Prozent der Jahresproduktion entsprach. Vom Phönix-Modell übernahm Jellinek zwei Exemplare und meldete sie im März 1900 mit den Werksfahrern Wilhelm Bauer und Hermann Braun unter seinem Pseudonym zur Rennwoche von Nizza an: als „Mercédès I" und „Mercédès II". Das war der Vorname seiner Tochter, die im September 1889 zur Welt gekommen war.

Das Rennen endete jedoch mit einer Tragödie: Beim Versuch, auf der Strecke laufenden Zuschauern auszuweichen, prallte Wilhelm Bauer gegen eine Felswand. Kurze Zeit später starb er an den Folgen des Unfalls.

Bei der DMG war man zutiefst schockiert und stellte alle weiteren Rennaktivitäten in Frage. Nur Emil Jellinek wollte nicht aufgeben. Im Gegenteil. Die DMG-Vorstände Gustav Vischer und Wilhelm Maybach mussten nach Nizza kommen, wo ihnen Jellinek seine Pläne für die weitere Zusammenarbeit erläutern wollte. Das folgenreiche Gespräch fand am 2. April 1900 statt und endete laut Protokoll mit der Vereinbarung, dass „eine neue Motorform hergestellt werden & dieselbe den Namen Daimler-Mercedes führen soll".

Tatsächlich verlangte Jellinek einen vollkommen neuen Wagen – mit längerem Radstand, niedrigerem Schwerpunkt, geringerem Gewicht und stärkerem Motor. Und dieser Forderung verlieh er durch einen Großauftrag Nachdruck: Bis Juni 1900 bestellte er 72 Daimler-Modelle unterschiedlicher Leistungsklassen und reservierte damit 60 Prozent der DMG-Jahresproduktion für sich. Im gleichen Jahr zog er auch in den Aufsichtsrat des Unternehmens ein.

Jetzt schlug die große Stunde von Wilhelm Maybach. Erst wenige Wochen vor dem Treffen in Nizza, am 6. März 1900, war sein langjähriger Mentor und Weggefährte Gottlieb Daimler gestorben, doch Jellineks Auftrag ließ ihm nicht viel Zeit zu trauern. Denn schon Ende des Jahres sollte der neue Mercedes-Rennwagen nach Nizza geliefert werden.

Maybach und sein Motorenspezialist Joseph Brauner begannen mit dem Triebwerk – und schufen ein Meisterstück mit den neuesten Erfindungen der damaligen Zeit: Leichtbau-Kurbelgehäuse, gesteuerte Einlassnockenwelle, Niederspannungs-Magnetzündung, Bienenwabenkühler ... Am 13. Oktober 1900 wurde der Motor erstmals mit Erfolg erprobt: Aus 5,9 Litern Hubraum entwickelte er 26 kW/35 PS.

Die Gründer der Marke: Namensgeberin Mercédès Jellinek, Auftraggeber Emil Jellinek und Ingenieur Wilhelm Maybach.

In der Zwischenzeit hatte sich Maybach auch mit dem Chassis des neuen Wagens beschäftigt. Erstmals war ein Rahmen mit Längsträgern aus U-förmigen Profilen entstanden, die vorn zusammenliefen und dadurch den bisher üblichen Hilfsträger für den Motor überflüssig machten. Das Auto wurde dadurch leichter und hatte einen niedrigeren Schwerpunkt. Den Motor platzierte Maybach hinter der Vorderachse und die Sitze für Fahrer und Beifahrer vor der Hinterachse. Beides bewirkte eine bessere Achslastverteilung und trug somit zu einem sicheren Fahrverhalten bei. Damit war der Mercedes das erste Automobil moderner Prägung – und das Vorbild für alle nachfolgenden Modelle. Am 15. Dezember 1900 absolvierte er in Stuttgart seine erste vierstündige Erprobungsfahrt.

Schon während der Entwicklungsphase hatte die Presse regelmäßig über den Stand der Arbeiten von Maybachs neuester Kreation berichtet. Deshalb waren auch am 29. Dezember 1900 Reporter zur Stelle, um über die Ankunft der neuen Modelle am Bahnhof von Nizza zu berichten: „Wir halten mit unserer Meinung nicht zurück: Der Mercedes-Wagen ist sehr, sehr interessant", schrieb beispielsweise die „L'Automobile-Revue du Littoral" und ergänzte: „Dieses bemerkenswerte Fahrzeug wird bei den Rennen im Jahre 1901 ein gefürchteter Konkurrent sein."

Tatsächlich: Der erste Mercedes war der unangefochtene Siegertyp bei der Rennwoche von Nizza, fuhr neue Rekordzeiten und gewann fast alle Wettbewerbe. Und Jellinek nutzte die Gunst der Stunde, um vor der Presse über die Zukunft zu sprechen. „Was Sie hier sehen, ist nichts im Vergleich zu dem, was Sie nächstes Jahr sehen werden."

Er behielt Recht: Mit dem Mercedes-Simplex 40 PS ging 1902 ein in vielen Details verbessertes Nachfolgemodell an den Start, das die Erfolgsgeschichte des ersten Mercedes nahtlos fortsetzte. Das war Grund genug für die DMG den Markennamen Mercedes als Warenzeichen schützen zu lassen.

Emil Jellinek ging sogar noch weiter: Durch königlich-kaiserliches Dekret durfte er seinen Familiennamen ab 1903 in Jellinek-Mercédès ändern. Er blieb noch bis 1908 im Autogeschäft. Bei Ausbruch des Ersten Weltkriegs wurde er in Frankreich wegen seiner österreichischen Herkunft der Spionage verdächtigt und brachte seine Familie ins Exil nach Genf. Die haltlosen Vorwürfe belasteten ihn stark und waren vermutlich auch der Auslöser für einen tödlichen Schlaganfall, dem er am 21. Januar 1918 im Alter von 64 Jahren erlag.

Mercédès Jellinek-Mercédès, die Namensgeberin des ersten modernen Automobils, heiratete im Jahre 1909 einen österreichischen Adligen und wurde Mutter zweier Kinder. Am 23. Februar 1929 starb sie 39-jährig an den Folgen einer schweren Krebserkrankung. Einen Führerschein hat Mercédès nie besessen; ein eigenes Auto auch nicht.

Auch mit Wilhelm Maybach meinte es das Schicksal nicht immer gut. Der Mann, den man in Frankreich als „König der Konstrukteure" ehrte, musste sich in der DMG mit Intrigen auseinandersetzen. Als er nach einem Kuraufenthalt im Frühsommer 1905 an seinen Arbeitsplatz zurückkehrte, hatte man Friedrich Nallinger zum Technischen Leiter ernannt. Maybach sollte fortan nur noch das „Erfinderbüro" leiten. Das betrachtete er als Affront.

Anfang April 1907 verließ Maybach die DMG im Streit und gründete mit seinem Sohn in Friedrichshafen eine eigene Firma, die Motoren für die Luftschiffe des Grafen Zeppelin herstellte. Wilhelm Maybach starb am 29. Dezember 1929. Er wurde 83 Jahre alt.

„Ich will nicht das heutige, auch nicht das morgige, ich will das Auto von übermorgen."

Emil Jellinek in einem seiner Telegramme an die Daimler-Motoren-Gesellschaft.

SIMPLEX, ABER NICHT EINFACH

Der Nachfolger des ersten Mercedes erhielt die Zusatzbezeichnung „Simplex", die auf die vereinfachte Bedienung hinweisen sollte. Trotzdem gab es unterwegs viel zu tun: Allein neun „Tropföler" waren zu bedienen, damit die Technik stets gut geschmiert funktionierte.

DIE ANTWORT AUS MANNHEIM

Benz Spider von 1902:
Der sportliche Typ mit Frontmotor war die Reaktion der Marke Benz auf den ersten Mercedes. Dieses Exemplar fand man 1945 in Irland unter einer Kohlenhalde.

Als Anfang 1901 der erste Mercedes auf der Bildfläche erschien und bei Autorennen von Sieg zu Sieg fuhr, stand die noch junge europäische Automobilindustrie kopf. Quasi über Nacht mussten die Firmen erkennen, dass ihre Modelle nicht mehr zeitgemäß waren: Autos, die aussahen wie Kutschwagen und auch nicht wesentlich schneller waren als die Pferdegespanne hatten keine Zukunft mehr.

Bei Benz in Mannheim, der größten Autofabrik der Welt, brach der Absatz rapide ein, sodass man schnell reagieren musste. Noch im Lauf des Jahres 1901 erschienen die neuen Modelle „Elegant", „Phaeton" und „Tonneau", mit denen die Ingenieure um Carl Benz das Kutschendesign ad acta legten und sich auch konzeptionell dem neuen Vorbild aus Stuttgart näherten. Der Motor war zwar noch liegend eingebaut, rückte aber nach vorn und fand zusammen mit dem Kühler unter einer Haube Platz. Neu waren aber auch die schräg stehende Lenksäule und das Lenkrad anstelle der bis dato üblichen Lenkkurbel.

Zu diesen neuen Modellen gehörte auch ein sportlicher Typ namens Spider. Dank eines 15 PS starken Zweizylindermotors beschleunigte der kompakte Zweisitzer auf Tempo 60 und war damit deutlich schneller als es Carl Benz eigentlich erlaubte. Denn der Auto-Erfinder war seinerzeit noch der festen Überzeugung, dass 50 km/h schnell genug seien – ein Kredo, das sein Unternehmen angesichts der sportlichen Erfolge von Mercedes jedoch bald aufgab.

Der Benz Spider in der Sammlung von Mercedes-Benz Classic stammt aus dem Jahre 1902 und hat eine buchstäblich bewegte Geschichte hinter sich: Von Mannheim wurde das Auto an einen Kunden in Irland geliefert, wo es drei Jahrzehnte lang treue Dienste leistete. Als der Zweite Weltkrieg ausbrach, versteckte man den Benz unter einer Kohlenhalde, sodass er die Kriegsjahre weitgehend unbeschädigt überstand. Nach der Restaurierung war der Zweisitzer wieder fit und sorgte 1960 beim Veteranenrennen London–Brighton nicht nur wegen seiner zitronengelben Lackierung für Aufsehen.

Ende der 1960er-Jahre erwarb Mercedes-Benz den Wagen und schickte ihn noch viele Male zu der bedeutenden Oldtimer-Veranstaltung auf die britische Insel. Bei der zweiten Restaurierung im Jahre 2014 entdeckten die Stuttgarter Fachleute die ursprüngliche Lackierung des Benz, die nur noch an einigen versteckten Stellen zu sehen war. Jetzt präsentiert sich der Zweisitzer so wie er die Mannheimer Fabrik einst verlassen hatte: in elegantem Dunkelrot mit gelben Felgen und Kotflügeln.

DAMENWAHL

Mercedes-Knight 16/40 PS von 1912:
Dieses „Stadt-Coupé“ bestellte Daimler-Vorstand Adolf Daimler für seine Ehefrau Marie.
Ein Auto mit gewissen Extras.

Schieber statt Ventile. Diese neue Idee der Motorsteuerung begeisterte Anfang des 20. Jahrhunderts auch die Ingenieure der Daimler-Motoren-Gesellschaft (DMG). Der Trick: Anstelle herkömmlicher Ventile bewegten sich Schieberhülsen zwischen Zylinderwand und Kolben. Diese Schieber hatten schlitzförmige Öffnungen, die den Gasaustausch in den Brennräumen ermöglichten. Der größte Vorteil dieses Verfahrens machte sich durch bessere Laufruhe bemerkbar – und entsprach damit in einem wichtigen Punkt dem Komfortanspruch der Stuttgarter Autobauer.

Die Schieber-Idee stammte ursprünglich aus den USA. Dort hatte sie Charles Y. Knight im Jahre 1903 erfunden und bis 1907 zur Serienreife entwickelt. Nach erfolgreichen Vorversuchen erwarb die DMG im März 1910 die Lizenzrechte und stellte noch im gleichen Jahr das erste Modell mit der Bezeichnung Mercedes-Knight 16/40 PS vor. Sein Schiebermotor entwickelte aus vier Litern Hubraum eine Leistung bis zu 33 kW/45 PS und ermöglichte ein Spitzentempo von rund 80 km/h. Beides waren damals beachtliche Werte.

Doch im Lauf der Zeit offenbarte die neue Technik auch ihre Tücken. Zum größeren Aufwand in der Produktion, bei der Bedienung und bei der Wartung kam die – insbesondere bei unzureichender Schmierung – hohe Störanfälligkeit der Schiebermotoren. Deshalb wollte man sich bei der DMG nicht allein auf diese Technik verlassen und entwickelte weiterhin auch Triebwerke mit herkömmlicher Ventiltechnik. Aber immerhin: Die Mercedes-Knight-Modelle bildeten gut 14 Jahre lang das Rückgrat des Lieferprogramms der Stuttgarter Firma und fanden bis 1924 insgesamt rund 5.500 Käufer. Einer von ihnen war Adolf Daimler. Der 1871 geborene Sohn des Firmengründers Gottlieb Daimler leitete seinerzeit die Betriebsabteilung der DMG und gehörte auch dem Vorstand des Unternehmens an. 1911 bestellte er für seine Frau Marie einen Mercedes-Knight 16/40 PS, der im Jahre 1912 ausgeliefert wurde. Die Karosserie des 4,60 Meter langen und 2,25 Meter hohen Autos entsprach der Konzeption eines Stadt-Coupés: Während die Dame in einem rundum geschlossenen Fond Platz nahm, saß ihr Fahrer im Freien und hatte lediglich ein Dach über dem Kopf.

So ließ sich Marie Daimler ab 1912 durch die Straßen Stuttgarts chauffieren und profitierte neben dem laufruhigen Knight-Motor auch von anderen Annehmlichkeiten, die ihr das Auto bot. Dazu zählte zum Beispiel die komfortable, sofaähnliche Sitzbank mit feinstem Brokatbezug. An den Innenseiten der Scheiben gab es neben Gardinen auch Sonnenschutzrollos, und für die Kommunikation nutzte die Ehefrau des DMG-Vorstands ein Sprachrohr, mit dem sie dem Fahrer ihre Wünsche kundgab. Der eigentliche Clou im Mercedes-Knight von Marie Daimler war aber auf den ersten Blick gar nicht zu erkennen: Eine Fußbodenheizung, die bei kalter Witterung im Fond für angenehme Temperaturen sorgte. Es war ein sehr spezielles Extra, das man seinerzeit nur für wenige Kunden realisierte.

Marie Daimlers Auto hat die Wirren der Zeit weitgehend unbeschadet überstanden. Mercedes-Benz Classic bewahrt es im Originalzustand auf – mit allen Beulen, Dellen, Kratzern und anderen Alterungserscheinungen eines weit über 100-jährigen Autolebens. Ein Mercedes mit Patina.

Fußbodenheizung im Fond: Das Heizelement unter dem Teppichboden wurde vom Auspuff erwärmt.

Marie Daimler und ihr Ehemann Adolf: Der Sohn des Firmengründers war von 1907 bis 1913 Vorstandsmitglied der Daimler-Motoren-Gesellschaft.

S OV 12H

DER PORSCHE VON MERCEDES

Mercedes-Benz Super-Sport von 1928:
Als Technischer Direktor von Mercedes-Benz konstruierte Ferdinand Porsche die legendären Kompressor-Sportwagen. Es waren Autos, die nicht nur Männer begeisterten.

Er war das, was man neudeutsch „Selfmademan" nennen würde: Mit 22 Jahren meldete er sein erstes Patent an, mit 25 präsentierte er sein erstes Elektroauto, mit 30 wurde er technischer Direktor einer Autofirma und mit 47 Jahren stand er im Rang eines Vorstandsmitglieds. Die Rede ist von Ferdinand Porsche (Foto rechts). Als Elektro-Außenmonteur hatte er in Wien seine berufliche Laufbahn begonnen, die ihn über den österreichischen Autohersteller Austro-Daimler nach Stuttgart zur Daimler-Motoren-Gesellschaft (DMG) führte. Dort begann er am 30. April 1923 seine Tätigkeit als Vorstand für technische Entwicklung. Porsches Vorgänger war Paul Daimler; er hatte das von seinem Vater gegründete Unternehmen im Streit verlassen und war zur Berliner Argus Motoren Gesellschaft gewechselt, die auch für die Marke Horch Motoren konstruierte.

Porsche war fasziniert von den starken Kompressortriebwerken, die Paul Daimler entwickelt hatte, und setzte sich zum Ziel, diese Technik weiter zu verbessern. Mit Erfolg: Ende April 1924 feierte Porsches neueste Kreation, ein Rennwagen mit 93 kW/126 PS starkem Vierzylinder-Kompressormotor, Premiere bei der Targa Florio in Sizilien und ermöglichte dem Stuttgarter Rennteam einen triumphalen Sieg. Während Werksfahrer Christian Werner, der die Strecke in neuer Bestzeit geschafft hatte, den Siegerkranz erhielt, ehrte die Stuttgarter Technische Hochschule Ferdinand Porsche wenig später mit dem Titel „Dr. Ing. h. c.".

Ende 1924 kamen mit den von Porsche konstruierten Mercedes-Modellen 15/70/100 PS und 24/100/140 PS zwei kraftvolle Tourenwagen auf den Markt, deren Spitzentyp ab 1926 das bis zu 118 kW/160 PS starke Modell K war. Der Buchstabe „K" wies hier allerdings nicht auf den Kompressor, sondern auf den kürzeren Radstand der eher sportlich geprägten Version hin. Technisch galten Porsches Luxuswagen als solide, doch mit Preisen von 20.000 bis 28.000 Reichsmark wurden sie keine Verkaufsschlager, die man bei der DMG in jener krisenhaften Zeit aber dringend benötigte.

Porsche machte trotzdem weiter. Nach dem Fehlstart mit einem schwer beherrschbaren Achtzylinder-Rennwagen, der 1924 auf der Rennstrecke von Monza in einen tödlichen Unfall verwickelt war, errangen Otto Merz, Rudolf Caracciola und Christian Werner schließlich im Juli 1926 mit dem Modell K einen Dreifachsieg im nordspanischen San Sebastián. Immerhin: Mit 155 km/h war dieses Mercedes-Modell seinerzeit der schnellste Tourenwagen der Welt.

Damit hatte Ferdinand Porsche den Grundstein für eine neue Modellgeneration gelegt, die ab 1927 Sport- und Rennwagengeschichte schrieb und wohl für immer zu den unvergessenen Klassikern der Stuttgarter Automarke zählen wird: Die Typen S (Sport), SS (Su-

„Der Erfolg dieser gewandten und ebenso eleganten Fahrerin stellt die Frau von heute mit in die vorderste Reihe des Automobilsports.“

Bericht eines Reporters über die Leistung von Ernes Merck beim Klausenpass-Rennen von 1927. Die Werbung mit der „Frau in Rot“ sorgte damals für viel Aufsehen. Sie zeigt die Rennfahrerin und ihren Mercedes-Benz vom Typ S.

per-Sport), SSK (Super-Sport Kurz) und SSKL (Super-Sport Kurz Leicht), deren Konstruktion Porsche nach der Fusion von DMG und Benz zusammen mit dem Mannheimer Chefingenieur Hans Nibel verantwortete.

Das gemeinsame Merkmal dieser Modelle war der Kompressor unter der Motorhaube, der bis 1939 zur Standardtechnik der Renn- und Sportwagen von Mercedes-Benz wurde. In den Modellen SS und SSK kombinierte man den Kompressor mit einem sieben Liter großen Sechszylindermotor, der bis zu 220 kW/300 PS leistete. Damit waren die Stuttgarter quasi unschlagbar; Rennsportfans schwärmten von den „weißen Elefanten“ und beschrieben damit nicht nur die Lackierung, sondern vor allem die Größe (fünf Meter) und das Gewicht (1,9 Tonnen) der Kraftpakete.

Viel mehr als Imageträger waren jene S-Modelle allerdings nicht. Zwar gab es die erfolgreichen Rennsportwagen auch mit Straßenzulassung, die Verkaufszahlen blieben aber gering. Dafür war die wirtschaftliche Situation im Europa der späten 1920er-Jahre zu schlecht. Wer einen Typ Super-Sport besitzen wollte, musste dafür je nach Ausführung zwischen 35.000 und 44.000 Reichsmark bezahlen. Zum Vergleich: Das Durchschnittseinkommen der Deutschen betrug zu dieser Zeit rund 1.650 Reichsmark – pro Jahr. So waren es vor allem Prominente wie Filmschauspieler Willy Forst, Adlige wie Prinz Max zu Schaumburg-Lippe, Fabrikanten wie Wilhelm Merck oder Rennfahrer wie Hans Stuck und Rudolf Caracciola, die sich den sportlichen Luxus leisten konnten.

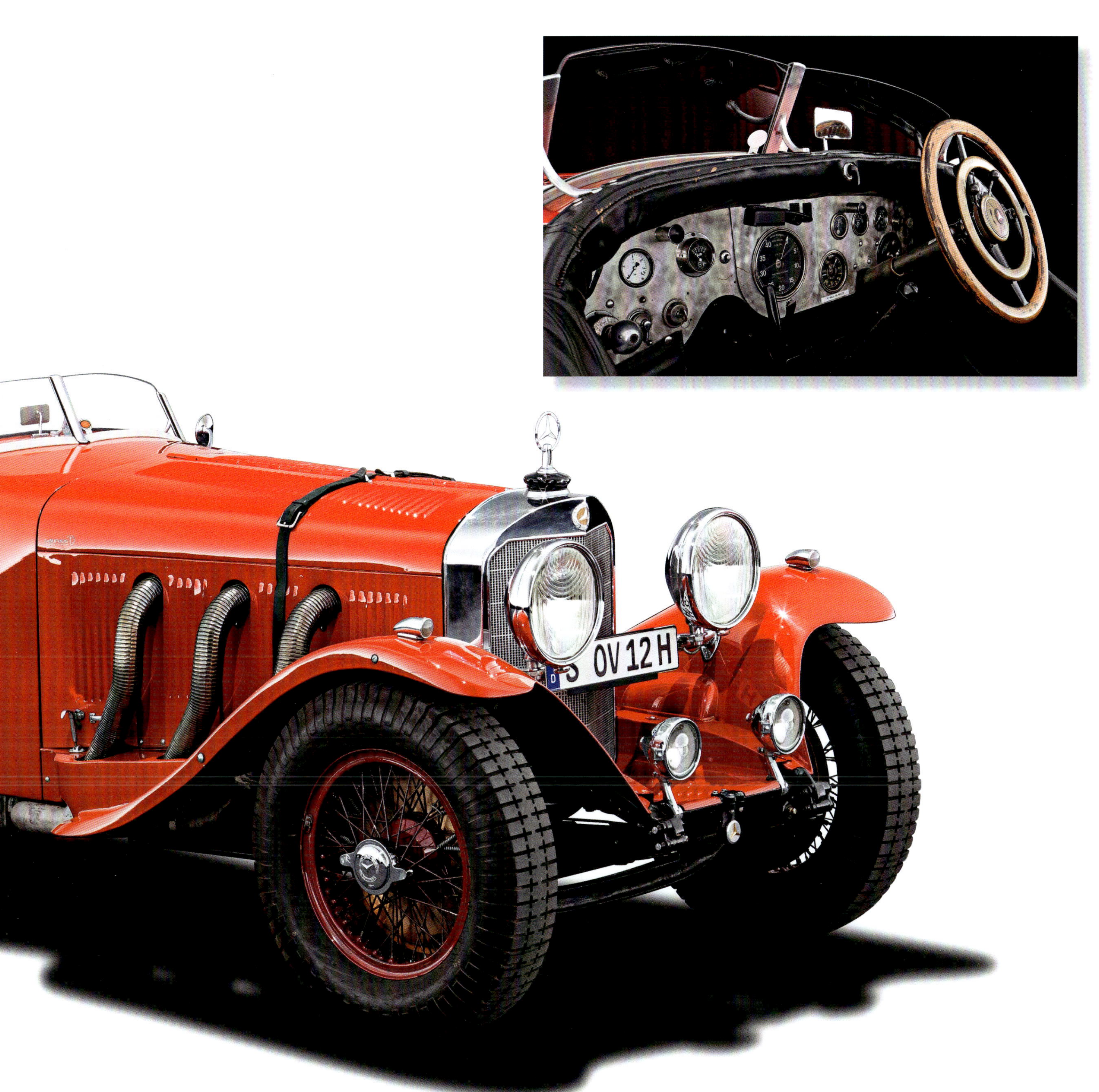

ROTE RARITÄT

Als Roadster war der 200 km/h schnelle Typ SS eine sehr seltene Erscheinung auf den Straßen. Dieses Exemplar lieferte Mercedes-Benz im Jahre 1930 zuerst an einen britischen Kunden. Später kam der Zweisitzer nach Texas. 1988 wurde er restauriert.

NEUSTART

Mercedes-Benz 8/38 PS Stuttgart 200 von 1930:
Dieser Viertürer diente einst im Autohaus von Rudolf Caracciola als Vorführwagen.
Er erinnert aber auch an den Zusammenschluss der Firmen Daimler und Benz:
Es war der erste Mercedes-Benz.

Als Rennfahrer wurde er weltberühmt, doch Rudolf Caracciola hatte durchaus auch einen ganz normalen Beruf: Er war Autoverkäufer. In dieser Eigenschaft arbeitete er Anfang der 1920er-Jahre für die Marke Fafnir in Aachen und Dresden, bis er 1923 eine Stelle als „Verkaufsbeamter" in der Dresdener Daimler-Niederlassung bekam. Nebenbei frönte er jedoch stets seiner größten Leidenschaft, der Rennfahrerei. Nachdem Caracciola im Juli 1926 den Großen Preis von Deutschland gewonnen hatte, investierte er das Preisgeld in Höhe von 17.000 Reichsmark in ein eigenes Autohaus, das er 1927 zusammen mit einem Freund an feiner Adresse im Herzen der deutschen Hauptstadt eröffnete: Kurfürstendamm 66.

Aus dieser Zeit stammt auch der grau-schwarze Typ 8/38 PS in der Fahrzeugsammlung von Mercedes-Benz: Der Viertürer diente einst Caracciola und seinen Verkäufern als Vorführwagen, bis er 1931 an den Berliner Fabrikanten Richard Heike verkauft wurde.

Neben dieser Anekdote über Caracciolas Tätigkeit als Autohändler erinnert der Typ 8/38 PS aus den „Heiligen Hallen" aber vor allem an ein wichtiges firmengeschichtliches Ereignis: Zusammen mit dem größeren 12/55 PS war es das erste Modell, das im Oktober 1926 nach der Fusion der Daimler-Motoren-Gesellschaft und der Firma Benz & Cie. präsentiert wurde. Anders gesagt: Es war der erste Personenwagen mit dem neuen Markennamen Mercedes-Benz.

Die interne Bezeichnung W 02 („W" für Wagen) dokumentiert diesen Neuanfang. Einen W 01 gab es übrigens nur als Prototypen ohne Serienchance. Insofern war der W 02 das erste Kind nach der Hochzeit der beiden damaligen Autogiganten, die sich fortan Daimler-Benz AG nannten. Dieses Erstgeborene hatte allerdings eine Reihe von Kinderkrankheiten, die im Wesentlichen auf Fehlern in der von Ferdinand Porsche entwickelten Konstruktion gründeten. Die Folgen: Reklamationen vieler verärgerter Kunden und Krisensitzungen des Vorstands, die schließlich sogar dazu führten, dass Porsche das Unternehmen verlassen musste.

Doch es gab einen Neustart für den Typ 8/38 PS: Hans Nibel, Porsches Nachfolger als Technischer Direktor, behob die Mängel und modernisierte das Auto in Design und Technik. Um diese „Modellpflege" zu verdeutlichen, erhielt der erste Mercedes-Benz ab Herbst 1928 die Zusatzbezeichnung Stuttgart 200, die sowohl auf den Produktionsort als auch auf die Hubraumgröße des 28 kW/38 PS starken Sechszylindermotors hinwies. Später erschien auch ein 2,6-Liter-Modell mit 37 kW/50 PS, das man folglich Stuttgart 260 (W 11) nannte. Beide Modelle waren als Limousine, offener Tourenwagen, Sport-Zweisitzer und in verschiedenen Cabrioletversionen lieferbar. „Der ideale Wagen für den Selbstfahrer", empfahl die Mercedes-Werbung das Modell 8/38 PS. Es gab allerdings auch eine geräumige Pullman-Limousine mit sechs Sitzplätzen.

Und so wurde aus dem Problemkind doch noch ein Erfolgstyp, von dem Daimler-Benz bis 1933 insgesamt über 22.300 Exemplare auslieferte. Darunter waren 15.550 Modelle des Stuttgart 200 und 6.750 des Stuttgart 260. Diese Zahlen erscheinen umso eindrucksvoller, wenn man die wirtschaftlich schwierigen Rahmenbedingungen jener Zeit bedenkt: Die „Goldenen 1920er-Jahre" endeten mit einer Weltwirtschaftskrise, die Firmenpleiten, Massenarbeitslosigkeit und politische Unruhen nach sich zog.

KÖNIGSKLASSE

Mercedes-Benz 770 von 1930:
Mit dem „Großen Mercedes" waren vor allem gekrönte Häupter unterwegs – aber auch der Bankier William A. M. Burden, der dieses Modell für seine Hochzeitsreise kaufte.

Seine Leidenschaft galt der Kunst und schönen Automobilen – und natürlich seiner Ehefrau Margaret, die er stets „Peggy" nannte: William A. M. Burden, Ingenieur, Finanzexperte, Bankier und Spross einer ebenso wohlhabenden wie einflussreichen Industriellenfamilie an der Ostküste der USA, liebte aber auch weite Reisen durch ferne Länder, die er stets sorgfältig im Voraus organisierte. So auch seine Hochzeitsreise nach Nordafrika und Südeuropa. Sie war für Februar 1931 geplant, doch schon Mitte November 1930 bestellte Burden über den US-Importeur der Daimler-Motoren-Gesellschaft (DMG) das viertürige Cabriolet D des neuen Typs 770, der kurz zuvor als „Großer Mercedes" auf dem Pariser Automobilsalon Premiere gefeiert hatte.

Der schnelle Luxuswagen mit dem 147 kW/200 PS starken Achtzylinder-Kompressormotor sollte Ende Februar 1931 nach Barcelona geliefert werden, lautete die präzise Order des Amerikaners. Von dort wollte das Brautpaar Burden zur zweiten Etappe seiner Flitterwochen starten und durch Spanien und Portugal reisen. Mehr noch: Die DMG sollte auch gleich Werksfahrer Joseph mitschicken, den der Bankier bereits bei einer seiner früheren Reisen kennen gelernt hatte. „Joseph war einer der besten Fahrer von Mercedes", notierte Burden viele Jahre später in seinen Erinnerungen „Peggy And I" und lobte den Mercedes-Mitarbeiter als „fröhlichen, intelligenten und außergewöhnlich fähigen Mechaniker."

Die Bestellung aus den USA genoss in Stuttgart höchste Priorität. Und alles lief nach Plan: Wie der Eintrag im firmeninternen Kommissionsbuch für den Wagen dokumentiert, ging das Luxus-Cabriolet am 19. Februar 1931 auf die Reise nach Spanien.

Doch William Burden ließ sich nicht nur chauffieren, sondern setzte sich regelmäßig auch selbst hinters Lenkrad, um die Qualitäten des Autos zu erleben. Die Aufmerksamkeit der Passanten war dem Brautpaar ohnehin stets gewiss, wenn der 5,60 Meter lange und 2,7 Tonnen schwere Auto-Gigant durch die Straßen Malagas, Madrids oder Lissabons rollte. „Unser Mercedes war ein Objekt der Neugierde und Bewunderung", beschrieb William A. M. Burden die Wirkung des „Großen Mercedes", der tatsächlich einer der größten Personenwagen seiner Zeit war.

So reisten die Burdens fünf Wochen lang durch Spanien und Portugal, ehe sie Ende März 1931 mit der „MS Bremen" die Heimreise nach New York antraten. Der Mercedes-Benz war ebenfalls an Bord des Ozeandampfers und blieb noch bis etwa 1940 im Besitz der Burdens. Anfang der 1980er-Jahre wurde das Auto in Kanada restauriert, gewann 1986 einen Schönheitspreis beim „Pebble Beach Concours d'Elégance" und kehrte schließlich im Jahre 2004 nach Deutschland zurück.

Seit 2012 gehört das schwarz-silberne Cabriolet D zur Fahrzeugsammlung von Mercedes-Benz Classic und erinnert an eine Epoche, als die Stuttgarter gegen Ende der 1920er-Jahre durch neue Marken wie Horch und Maybach Konkurrenz bekamen und sich im Wettstreit um die Gunst wohlhabender Kunden behaupten mussten. Deshalb demonstrierte man von Anfang an Selbstbewusstsein und ließ keinen Zweifel aufkommen, für wen der „Große Mercedes" mit der internen Modellbezeichnung W 07 bestimmt war: „Es ist ein Wagen besonderer Note, geschaffen für die verwöhntesten Ansprüche, für den Kreis führender Männer aller

III E 21487

„Die Straße nach Valencia war gut, und ich war so begeistert von dem neuen Auto, dass ich so schnell fuhr, wie es nur möglich war."

William A. M. Burden in seinen Lebenserinnerungen „Peggy and I". Das Foto zeigt das Ehepaar Burden im Jahre 1939 in New York.

Länder, die stets die Forderung nach höchster Leistung und größtem Komfort erheben", hieß es im Verkaufsprospekt, und die Werbung empfahl den Typ 770 „einem Kreis glücklicher Menschen, die der Erfüllung ihrer Wünsche keinerlei Schranken setzen wollen". Immerhin: Als Cabriolet D kostete das Mercedes-Spitzenmodell 46.000 Reichsmark – und war damit seinerzeit in Deutschland ungefähr so teuer wie sechs Einfamilienhäuser.

Zu dem „Kreis führender Männer", die sich den Komfort und Luxus des „Großen Mercedes" leisten konnten, zählten neben William A. M. Burden und anderen Patriarchen aus Industrie und Finanzwelt vor allem gekrönte Häupter: Japans Kaiser Hirohito bestellte gleich sechs Pullman-Limousinen dieses Typs, der deutsche Kaiser Wilhelm II. ließ sich das 7-sitzige Cabriolet F ins niederländische Exil liefern und auch Erzherzog Josef Franz von Österreich reiste mit dem Luxuswagen durch die Lande. Insgesamt wurde der Typ 770 zwischen 1930 und 1938 aber nur 117-mal produziert; vom viertürigen Cabriolet D, das die Burdens auf ihrer Hochzeitsreise begleitete, gab es sogar nur 18 Exemplare

Der Bankier, der später zum US-Botschafter in Belgien ernannt wurde, blieb der Marke Mercedes-Benz treu und fuhr nach dem „Großen Mercedes" noch eine Reihe anderer Modelle mit dem Stern auf der Motorhaube. Noch größer als die Leidenschaft für schöne Autos war aber seine Liebe zur Kunst: 1960 ernannte man William Burden zum Präsidenten des New Yorker Museum of Modern Art, dem er verschiedene bedeutende Kunstwerke spendete. Burden wurde 78 Jahre alt; er starb ein Jahr nach seiner Ehefrau am 10. Oktober 1984 in Manhattan.

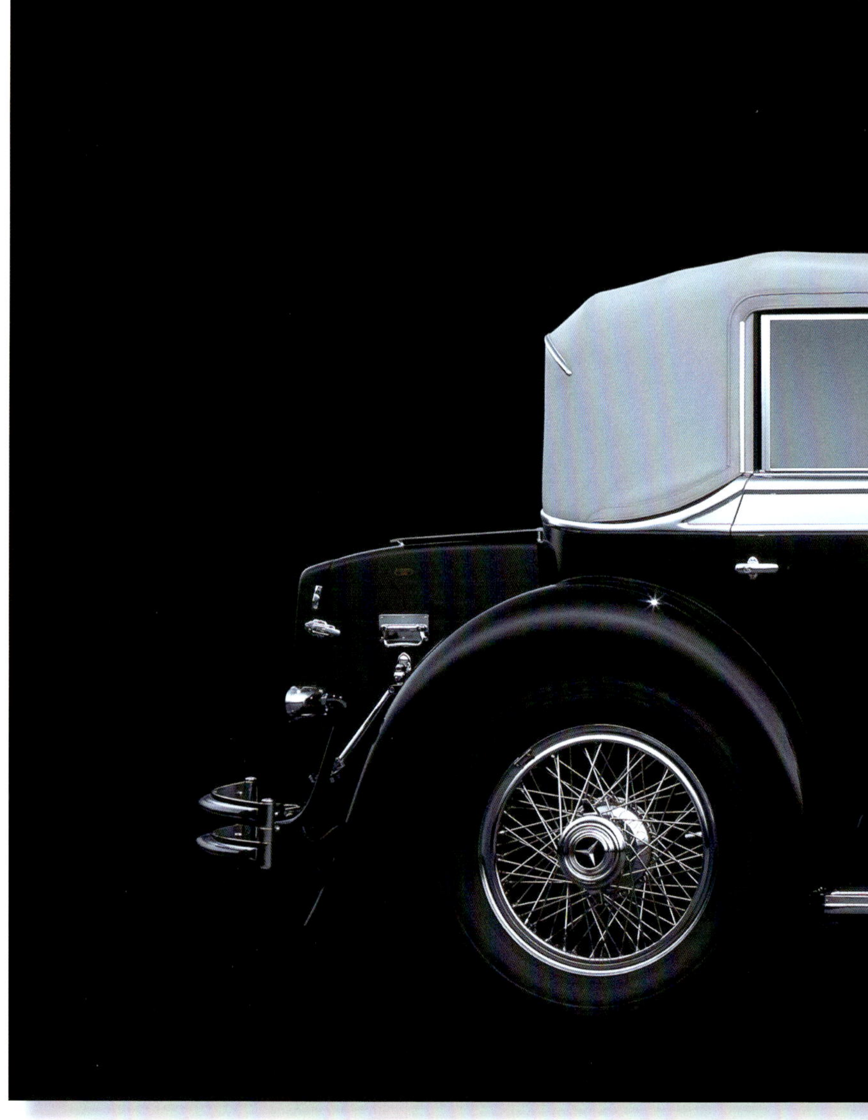

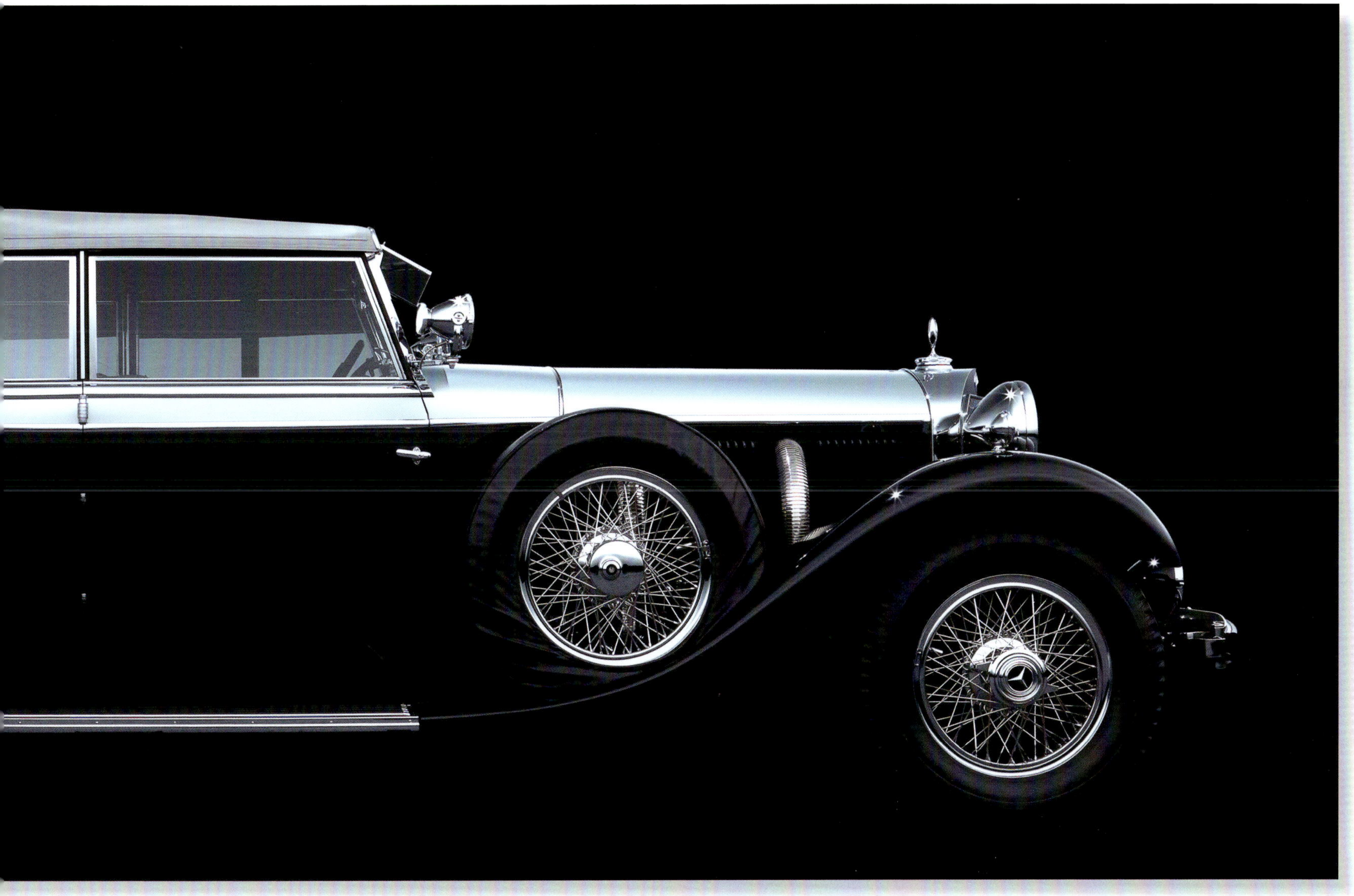

GROSSER STERN

Obwohl in acht Jahren nur 117 Exemplare hergestellt wurden, prägte der „Große Mercedes“ den Ruf von Mercedes-Benz als eine der führenden Marken für Luxuswagen.

„VOLKSWAGEN“ MIT STERN

Mercedes-Benz 130 von 1934:
Dieser Typ war die Antwort von Mercedes-Benz auf die Frage nach einem Auto fürs Volk – und der erste Großserienwagen mit Heckmotor.

Die Lage war ernst. Ein Jahr nach dem „Black Friday“ vom Oktober 1929, mit dem die Weltwirtschaftskrise ihren Lauf nahm, begann für die deutsche Automobilindustrie eine ihrer schwersten Zeiten. Der Absatz brach ein; gut ein Fünftel der Neuwagenproduktion stand auf Halde. Autofahren wurde mehr denn je zum Luxus. Bis Mitte 1931 meldete fast jeder Dritte Autobesitzer seinen Wagen ab, weil er die Unterhaltskosten nicht mehr bezahlen konnte. Die deutschen Autohersteller produzierten in diesem Jahr nur noch insgesamt rund 62.500 Personenwagen und damit 43 Prozent weniger als 1928. Wie schlecht die Stimmung war, zeigte auch die Reaktion des Reichsverbands der Automobilindustrie (RDA), der die für Frühjahr 1932 geplante Berliner Auto- und Motorradmesse absagte.

Daimler-Benz war von der Absatzkrise besonders betroffen, denn es waren vor allem große, teure Sport- und Luxuswagen, die keine Käufer mehr fanden. Der Vorstand sprach von einer „fortschreitenden Verarmung“ und erkannte, dass sich das „Kaufinteresse in stärkerem Maße den Fahrzeugen der mittleren und billigen Preisklasse zugewendet hat“. Folglich musste man umdenken. Pläne für einen „billigeren und kleineren Wagen“ der 1,3-Liter-Klasse hatte es zwar schon seit langem gegeben, doch niemand ahnte, dass dieses Thema so schnell allerhöchste Priorität erlangen würde.

Frühjahr 1931: Unter der Leitung von Chefingenieur Hans Nibel entstand der Prototyp W 17 – ein Auto, das man bisher bei Mercedes-Benz nicht gesehen hatte. Als Antrieb fungierte ein Boxermotor, der aber nicht vorn, sondern im Heck des Autos arbeitete. Und als Chassis diente erstmals statt eines schweren Leiterrahmens ein weitaus leichteres Zentralrohr mit Querstreben zur Befestigung von Motor und Schwingachsen. Dazu kam ein völlig neues, rundliches Erscheinungsbild ohne den typischen Mercedes-Kühler. Kein Zweifel: Das war ein radikaler Stilbruch. Dementsprechend fiel denn auch das Urteil des Vorstands aus: Zu primitiv, zu unkomfortabel, kein Mercedes, wetterten die Chefs und verweigerten die Serienfreigabe. Stattdessen setzte man nun alle Hoffnungen auf einen neuen Typ 170, den Hans Nibel in der Zwischenzeit zur Serienreife gebracht hatte. Es war der bis dato kleinste Mercedes-Benz: ein Viertürer in althergebrachter Ausführung mit Sechszylindermotor, Schwingachsen und Hydraulikbremse für 4.300 Reichsmark.

Doch längst hatten sich die politischen Verhältnisse geändert. Das Nazi-Regime war an die Macht gekommen und sein „Führer“ Adolf Hitler machte die Probleme der Autoindustrie zum Thema der NS-Propaganda. „Kraftfahrt tut Not“ lautete das unmissverständliche Motto der Automobilausstellung des Jahres 1933, bei der Hitler die „Motorisierung Deutschlands“ forderte und den Autokäufern günstigere Preise, steuerliche Entlastungen und bessere Straßen versprach.

Jetzt ahnte Daimler-Benz-Chef Wilhelm Kissel, was auf sein Unternehmen zukommen werde. „Es ergibt sich die Situation, dass unsere Pläne bezüglich eines 1,3-Liter-Wagens erhöhte Bedeutung gewännen“, erklärte er in einer Sitzung und sprach von einer „Tendenz zu einem kleineren, wirtschaftlicheren und billigeren Wagen“. Dabei hatte Kissel die von den Nazis geplante Volksmotorisierung offenbar bereits vor Augen. Im Juni 1933, als in Berliner Regierungskreisen immer häufiger der Begriff „Volkswagen“ zu hören war, wurde Kissel deutlich: „Der 1,3 Liter muss kommen.“

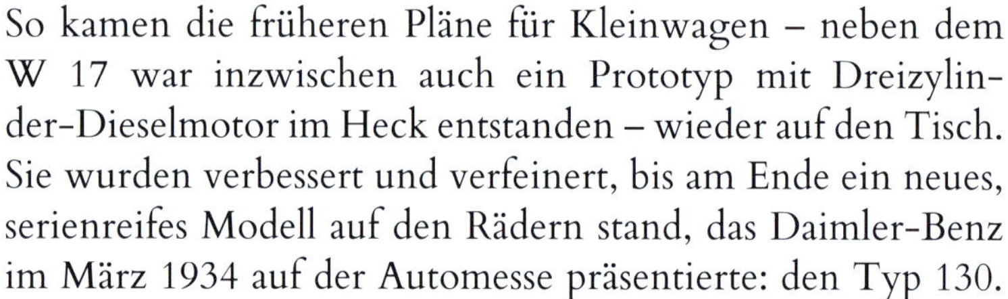

Mit diesen Prototypen (oben) begann 1931 die Entwicklung des ersten Mercedes-Benz mit Heckmotor. Drei Jahre später ging er als Typ 130 (rechts) in Serie.

So kamen die früheren Pläne für Kleinwagen – neben dem W 17 war inzwischen auch ein Prototyp mit Dreizylinder-Dieselmotor im Heck entstanden – wieder auf den Tisch. Sie wurden verbessert und verfeinert, bis am Ende ein neues, serienreifes Modell auf den Rädern stand, das Daimler-Benz im März 1934 auf der Automesse präsentierte: den Typ 130.

Mit einem neu entwickelten 19 kW/26 PS starken Vierzylinder-Reihenmotor im Heck war diese zweitürige Limousine 92 km/h schnell und galt damit als „autobahntauglich", was damals immer wieder als eine der wichtigsten Grundvoraussetzungen für einen „Volkswagen" genannt wurde. Auch mit dem Zentralrohrrahmen und der Einzelradaufhängung war der Mercedes-Benz anderen Modellen seiner Klasse voraus. Ein 1.000-Mark-Auto, wie es die NS-Regierung immer wieder forderte, war der Typ 130 allerdings nicht: In der Basisversion kostete er 3.425 Reichsmark.

Trotzdem war Hitler offenbar von dem kleinen Mercedes sehr beeindruckt: Als er im Mai 1934 Ferdinand Porsche im Berliner Hotel Kaiserhof traf und mit ihm über seine Vorstellungen für den „deutschen Volkswagen" sprach, griff der „Führer" während des Gesprächs zum Bleistift und zeichnete das Volksauto, wie er es sich vorstellte. Die Skizze zeigte einen Wagen, der dem Mercedes-Benz 130 zum Verwechseln ähnlich sah. Der von Ferdinand Porsche konstruierte Volkswagen kam jedoch erst zwölf Jahre später auf den Markt.

KRAFT IM HECK

Trotz günstiger Preise und moderner Technik wurde der Heckmotor-Typ 130 zwischen 1934 und 1936 nur 4.297-mal produziert. Zur Sammlung von Mercedes-Benz Classic gehört neben dieser Cabrio-Limousine auch die Modellvariante mit festem Dach.

D
S 018 H

SELTENE SCHÖNHEITEN

Mercedes-Benz 500 K/540 K:
Der Luxuswagen war ab 1934 Deutschlands schnellstes und teuerstes Auto. Er entstand in zehn verschiedenen Karosserieversionen, von denen jede als kostbare Rarität gilt.

Bingo – dieses Glücksspiel hat William „Bill" Harrah reich gemacht. Ende der 1930er-Jahre eröffnete er sein erstes Casino und nannte es „Harrah's Club Bingo". Später baute er Spielcasinos und Hotels in Reno, am Lake Tahoe und in Las Vegas. Harrahs große Leidenschaft aber waren historische Automobile, die er sammelte wie andere Menschen Briefmarken. Als der Casino-Magnat im Jahre 1978 plötzlich im Verlauf einer Herzoperation starb, hinterließ er eine einzigartige Sammlung von rund 1.400 Autos. Einige von ihnen sind noch heute im National Automobile Museum in Reno zu sehen, andere wurden verkauft.

So kam auch ein besonderes Schmuckstück zurück nach Stuttgart: ein Mercedes-Benz 500 K in der Version als Spezial-Roadster, die von 1934 bis 1936 nur rund 25-mal hergestellt worden war. Mercedes-Benz Classic erwarb den Zweisitzer im Jahre 1982 aus Harrahs Besitz und übernahm ihn in die werkseigene Fahrzeugsammlung. Damit besitzt man in Stuttgart zwei dieser ebenso seltenen wie kostbaren Luxuswagen, denn ein weiterer Spezial-Roadster gehört zur Dauerausstellung des Mercedes-Benz Museums. Der Wert jedes dieser Autos liegt bei weit über zehn Millionen Euro.

Als der 500 K im Frühjahr 1934 auf der Berliner Automesse Premiere feierte, lobte man ihn als „Clou der Ausstellung". Kein Wunder: Mit dem 118 kW/160 PS starken Achtzylinder-Kompressormotor beschleunigte der 500 K auf damals spektakuläre 160 km/h; ab 1936 entfaltete der Motor 132 kW/180 PS, sodass der 540 K sogar 170 km/h erreichte. „Was das bedeutet, kann man erst ermessen, wenn man sich klar macht, dass der Typ 540 K es in seiner Spitzengeschwindigkeit mit den neuzeitlichen Stromlinien-Schnellzügen oder Triebwagen aufnimmt", informierte der Prospekt.

Doch was bei diesen Autos noch mehr zählt als Technik und Fahrleistungen ist das Design. Es stammt aus der Feder von Hermann Ahrens, der seit 1932 in Sindelfingen die Abteilung Sonderwagenbau leitete. Obwohl er „nur" technischer Zeichner und Ingenieur war, entfaltete er bei der Gestaltung des 500 K ein künstlerisches Talent, das bis heute höchste Anerkennung findet. Ob als Tourenwagen, Coupé, Cabriolet, Roadster oder Autobahnkurierwagen, alle Varianten des 500 K begeistern durch das harmonische Zusammenspiel weicher, fließender Linien mit opulenten Formen und raffinierten Details. Allein die Kotflügel beeindrucken durch ihre kühn geschwungene Form und ihre stattlichen Maße: Beim Spezial-Roadster „fließen" sie wellenförmig über eine Länge von immerhin 3,20 Metern vom Vorder- bis zum Hinterrad.

Hermann Ahrens nannte seine Kreation schlicht „Sindelfinger Karosserie". Sie wurde zum Markenzeichen für das Mercedes-Design und erwies sich zugleich als Erfolgsrezept: War es früher üblich, dass gut betuchte Kunden im Werk nur das Fahrgestell orderten und die Karosserie ihres Autos bei einem Spezialbetrieb in Auftrag gaben, so entschieden sich beim 500 K über 90 Prozent aller Käufer für eine „Sindelfinger Karosserie", die sie gemäß Prospekt „gegen geringen Mehrpreis" noch nach individuellen Wünschen ausstatten ließen. Denn jeder 500 K/540 K entstand in Handarbeit. Insgesamt nur 691-mal.

HANDARBEIT AUS SINDELFINGEN

Einen der wohl schönsten 500 K Spezial-Roadster erwarb Mercedes-Benz 1982 aus der Autosammlung des amerikanischen Casino-Magnaten Bill Harrah. Der Luxuswagen wurde 1935 in der Manufaktur des Werks Sindelfingen hergestellt.

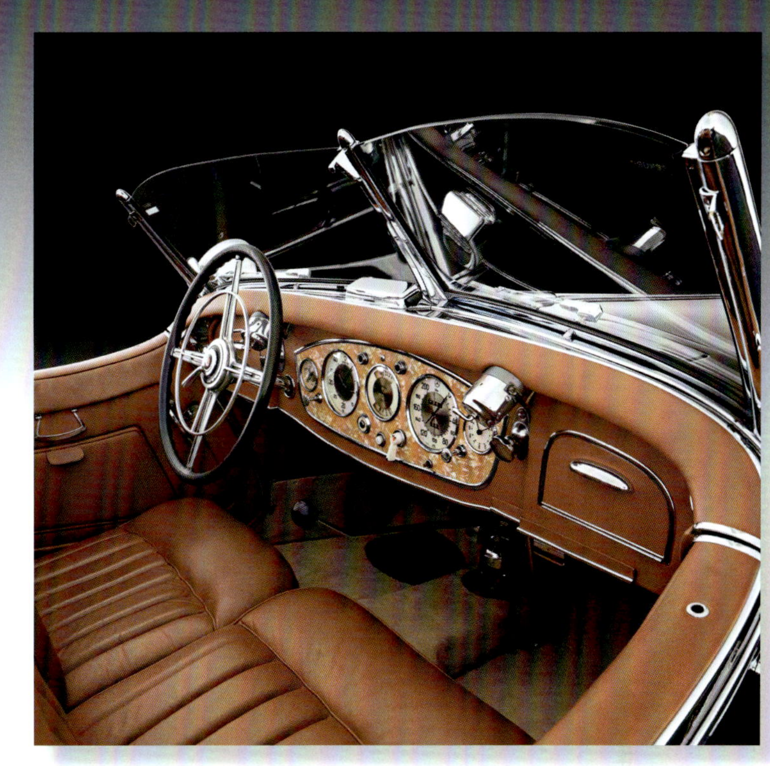

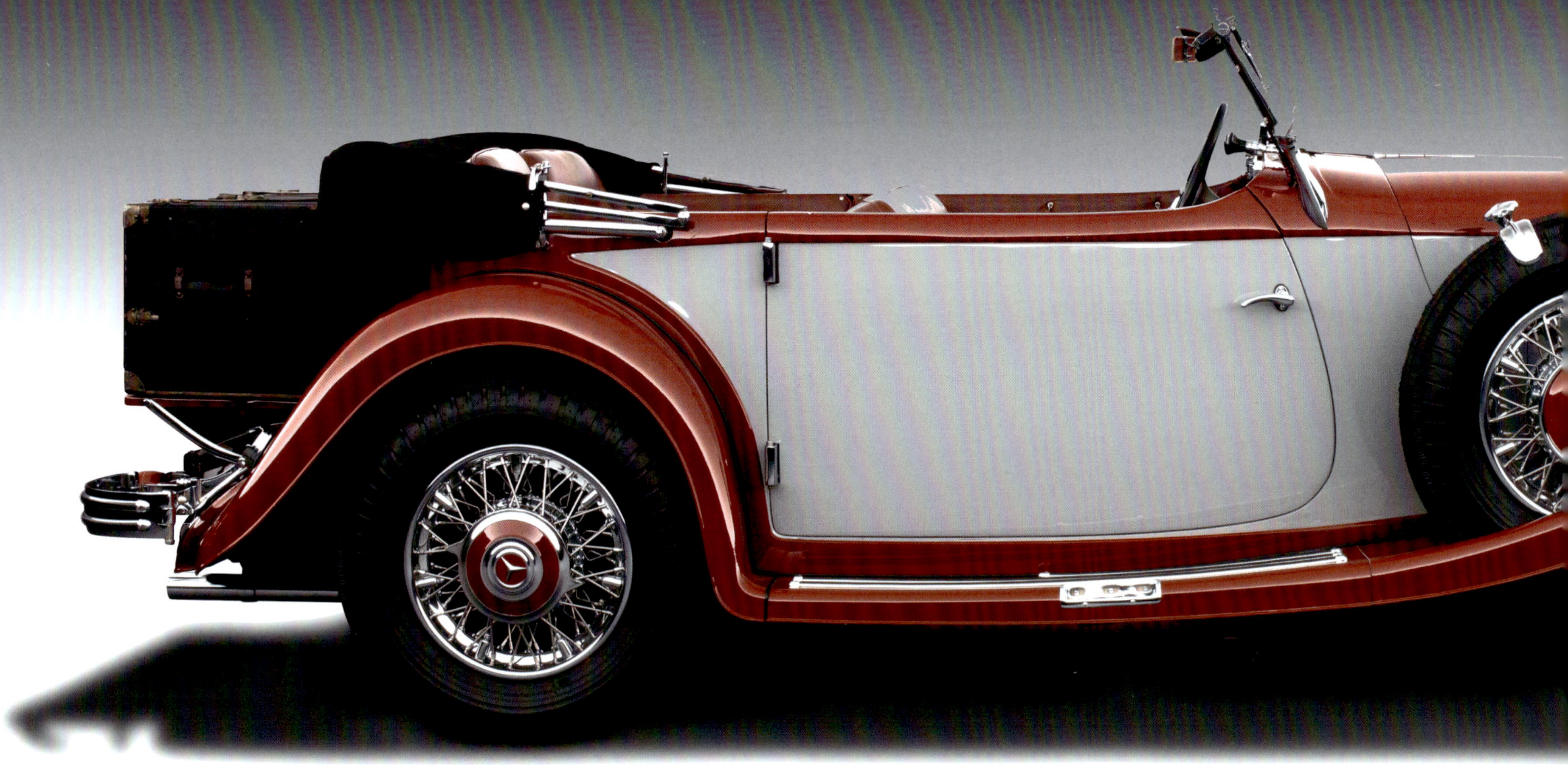

REISEN UND ENTSPANNEN

Den fünfsitzigen Tourenwagen (oben) empfahl der Verkaufsprospekt „allen, denen lange Fahrten auch bei höchsten Geschwindigkeiten willkommene Ausspannung von anstrengender Tätigkeit bedeuten“. Zwischen 1934 und 1939 wurden nur 28 Modelle dieser Version hergestellt. Beliebter war der 500/540 K als Cabriolet B: Es fand insgesamt 296 Käufer.

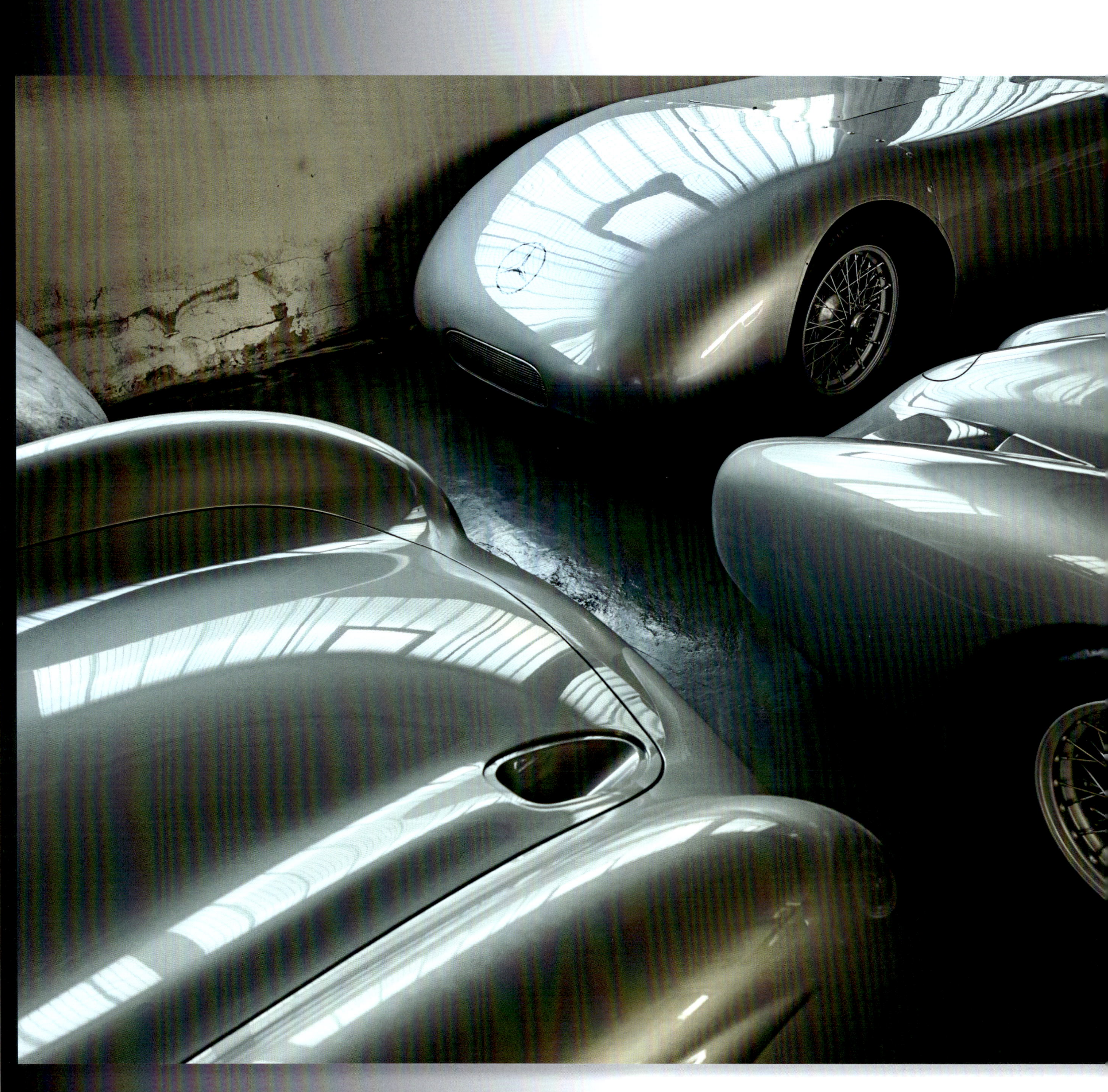

DER SILBERSCHATZ

In der Motorsporthalle von Mercedes-Benz Classic pflegt man die 125-jährige Rennsportgeschichte der Automarke. Zu den Kostbarkeiten, die hier für die Ewigkeit aufbewahrt werden, gehören nicht nur die ersten Grand-Prix-Rennwagen aus Stuttgart, sondern auch weltweit einmalige Exponate wie die Rekordwagen der 1930er-Jahre oder der älteste 300 SL – Autos, die Geschichten erzählen.

SILBERGLANZ

Hier glänzt das Silber aus über acht Jahrzehnten Motorsportgeschichte: vom ersten Monoposto aus dem Jahre 1934 über die Rennsportwagen von 1955 und die Gruppe-C-Boliden der 1980er-Jahre bis zu den Formel-1-Rennern von Hamilton & Co.

PETRONAS
16
658
658
26

3

2

LEGENDEN DES SPORTS

Jeder dieser Rennwagen erzählt seine eigene spannende Geschichte. Zum Beispiel der W 25 (1) von Caracciolas Wagemut als „Regenmeister“, der W 196 R (2) vom unvergessenen Doppelsieg in Frankreich oder der 450 SLC (3) von den Rallyesiegen in Südamerika und Afrika .

Johnson
658
FACEBOOK.COM/AMGDRIVINGACADEMY
DEKRA
Hankook
SAFETY CA
1

VON MAYBACH BIS PORSCHE

Zwei Mercedes-Rennwagen, die an namhafte Konstrukteure erinnern: Wilhelm Maybach baute 1906 den ersten Mercedes-Rennwagen mit Sechszylindermotor (rechts). In den 1920er-Jahren setzte Ferdinand Porsche im „Monza“-Rennwagen (oben) einen Achtzylindermotor ein.

antar
GRAN TURISMO
42 Highway MPG
antar

LEISTUNGS-TRÄGER

Der W 125 (vorn) war 1937 das erste Meisterstück des noch jungen Ingenieurs Rudolf Uhlenhaut. Mit seinem 435 kW/592 PS starken Motor galt dieser Silberpfeil bis Anfang der 1980er-Jahre als der stärkste GP-Wagen, der jemals gebaut wurde. Dieser W 125 nahm 1937 an Rennen in Deutschland, Belgien, Monaco, Italien und England teil.

DREHZAHL STATT HUBRAUM

Die Markierung im Drehzahlmesser zeigt die Belastungsgrenze des V12-Triebwerks im Silberpfeil W 154 an. Bei 7.800 Umdrehungen entwickelte es aus drei Litern Hubraum 355 kW/483 PS. Dieser W 154 in den „Heiligen Hallen" nahm 1939 bei Dessau an Rekordfahrten teil und wurde noch 1951 von Juan Manuel Fangio bei einem Rennen in Argentinien gefahren.

ungen
inute
100.
90
80
70
60
50
40
1:2
80
100

DER WIND ALS BREMSE

Mit dem 300 SLR stellte Stirling Moss 1955 bei der Mille Miglia einen Temporekord auf, der noch heute gilt. Für das Rennen in Le Mans dachte man sich eine technische Besonderheit aus: Die Abdeckung hinter den Sitzen ließ sich hochklappen und diente als „Luftbremse“.

LIMOUSINE AUF LANGSTRECKE

Dieser 300 SE erinnert an die sportliche Seite der Mercedes-Heckflosse: In den 1960er-Jahren war die Limousine das Siegerfahrzeug bei vielen Rallyes und Langstreckenrennen – von der Rallye Monte Carlo bis zum Großen Straßenpreis von Argentinien für Tourenwagen.

BOXENSTOPP

In speziellen Holzcontainern machen Rennwagen früherer Jahre ihren vorläufig letzten Boxenstopp. Im Vordergrund warten der Silberpfeil von 2010, zwei DTM-Tourenwagen und das Uhlenhaut-Coupé (von links) auf ihre nächsten Einsätze bei Klassik-Veranstaltungen oder -Rallyes.

eisenmann
ALL TIME STARS
INTAX
ALL TIME STARS
Mobil 1

IM NAMEN DES PRINZEN

Benz „Prinz-Heinrich“ Spezial-Tourenwagen von 1910:
Der eigens für die Prinz-Heinrich-Fahrt entwickelte Benz war mit Vierventiltechnik, Doppelzündung und anderen Finessen einer der innovativsten Sportwagen seiner Zeit.

Er bestand aus reinem Silber und wog über 13 Kilogramm: Mit dem Siegerpokal für die Autorennen, die seinen Namen trugen, hatte Heinrich von Preußen hoheitliche Großzügigkeit bewiesen. Immerhin war er der Bruder des deutschen Kaisers Wilhelm II., der Lieblingsenkel der britischen Queen Victoria und mit der Schwester der russischen Zarin verheiratet. Doch was mehr zählte als die adlige Herkunft und Verwandtschaft war die Begeisterung des Hohenzollernprinzen für die Technik – vor allem für die des Automobils. Als leidenschaftlicher Fahrer initiierte er 1907 beim Kaiserlichen Automobil-Club (KAC) einen neuen Langstreckenwettbewerb, der quer durch Deutschland führen sollte. Dafür spendete er den wertvollen silbernen Pokal.

Mit 129 Teilnehmern fand die Prinz-Heinrich-Fahrt im Juli 1908 zum ersten Mal statt und avancierte bald zur bekanntesten Motorsportveranstaltung Deutschlands. Die Bedingungen waren hart: Rund 2.000 Kilometer mussten abgespult werden, und zwischendurch standen zusätzliche Geschwindigkeitswettbewerbe auf dem Programm. Zugelassen waren nur serienmäßige Tourenwagen, die mit drei Passagieren besetzt waren und vor der Wettfahrt schon mindestens 2.000 Kilometer zurückgelegt hatten. Und damit beim Rennen niemand schummelte, saß in jedem der Tourenwagen ein Kontrolleur des Automobilclubs.

Benz und Mercedes waren die Sieger der Prinz-Heinrich-Fahrt vom Juli 1908. Fritz Erle gewann das 2.200 Kilometer lange Rennen auf einem Benz 50 PS, Willy Poege wurde mit Mercedes Zweiter. Ein Jahr später siegte Wilhelm Opel auf einem Rennwagen seiner Firma, Willy Poege errang den zweiten Platz.

PRINZENWAGEN

Die Straßen waren abgesperrt, als die Teilnehmer der Prinz-Heinrich-Fahrt im Juni 1910 durchs Land rasten. Benz schickte zehn Exemplare eines neuen Spezial-Tourenwagen ins Rennen. Heute existieren nur noch zwei dieser außergewöhnlichen Autos.

Prinz Heinrich von Preußen besaß nie weniger als drei Automobile gleichzeitig, bevorzugt die Modelle der Marke Benz. Mit einer Zuverlässigkeitsfahrt quer durch Deutschland wollte er ein „Verkehrsmittel" fördern, das nach seinen Worten „nur noch der Vervollkommnung bedürfe".

Für die dritte Fahrt hatte sich die Firma Benz viel vorgenommen – und viel investiert: Zehn Exemplare eines vollkommen neuen Spezial-Tourenwagens wurden zum Start nach Berlin geschickt. Vier waren mit einem 59 kW/80 PS starken 5,7-Liter-Vierzylindermotor ausgerüstet, bei sechs Wagen arbeitete ein 7,3-Liter-Triebwerk unter der Motorhaube. Kardanantrieb, Doppelzündung, Vierventiltechnik und eine windschnittige Karosserie mit Spitzheck waren allen Benz-Tourenwagen gemeinsam: Technik vom Feinsten.

Die 1.945 Kilometer lange Route führte vom 2. bis 8. Juni 1910 von Berlin über Kassel, Nürnberg und Straßburg bis ins hessische Bad Homburg und beinhaltete 17 Sonderprüfungen. Doch Benz hatte wieder Pech: Ferdinand Porsche, seinerzeit Direktor bei Austro-Daimler, gewann auf einem Wagen der österreichischen Marke. Als bester Benz-Fahrer musste sich Fritz Erle mit dem fünften Platz zufrieden geben.

Nach der Wettfahrt gingen die Tourenwagen aus Mannheim noch bei verschiedenen anderen Rennveranstaltungen an den Start und wurden später an sportlich ambitionierte Privatfahrer verkauft. Heute existieren weltweit nur noch zwei dieser Spezialmodelle: Eines steht im niederländischen Louwman Museum, das zweite gehört zur Fahrzeugsammlung von Mercedes-Benz Classic. Es trug beim Rennen von 1910 die Startnummer 38, wurde von Carl Neumaier pilotiert und kam als Elfter ans Ziel.

Auch wenn der Spezial-Tourenwagen kein Siegertyp war, so hat er dennoch seinen Platz in der Automobilgeschichte gefunden – als Sportwagen mit wegweisender Technologie.

VON DEUTSCHLAND NACH AUSTRALIEN

Im Cockpit dieses Prinz-Heinrich-Wagens von 1910 herrschte Carl Neumaier über 80 Pferdestärken. Später startete dieser Benz bei der Zar-Nikolas-Tourenfahrt in Russland und wurde dann nach Australien verkauft. Seit 1998 gehört er zur Mercedes-Fahrzeugsammlung.

EIN SIEG FÜRS GESCHICHTSBUCH

Nach über sieben Stunden Dauerstrapaze auf dem Rundkurs von Lyon gewann Christian Lautenschlager 1914 das Rennen vor seinen Teamkollegen Louis Wagner und Otto Salzer. Es war der erste Dreifach-Sieg in der Geschichte des Grand-Prix-Rennsports.

DAS MEISTERSTÜCK

Mercedes Grand-Prix-Rennwagen von 1914:
Christian Lautenschlager war „Fahrmeister“ bei der Daimler-Motoren-Gesellschaft.
Dann wurde er zum Rennfahrer – und vollbrachte beim Grand Prix von Frankreich sein Meisterstück. Auch die damaligen Rennwagen erzählen spannende Geschichten.

Das härteste Rennen der Welt. So warb der Automobile-Club de France (A.C.F.) für den Grand Prix des Jahres 1914 und setzte alles daran, dieses Versprechen auch zu erfüllen. Auf dem „Circuit de Lyon“ sollten die Rennwagen 750 Kilometer abspulen – auf Landstraßen, über die sich sonst meistens nur Pferdegespanne, Ochsenkarren und Radfahrer quälten. Das bedeutete über sieben Stunden Dauerstrapaze für Mensch und Technik.

Mercedes ging das Wagnis ein und beschloss, nichts dem Zufall zu überlassen. Deshalb schickte man schon Monate vor dem Rennen Fachleute nach Frankreich, die dort jeden Meter der Piste erkundeten, Kurvenradien und Höhenunterschiede maßen und ein präzises Streckenprofil mit Hinweisen für die Fahrer zeichneten. Währenddessen rief Paul Daimler, technischer Direktor der Daimler-Motoren-Gesellschaft, seine besten Konstrukteure zusammen und entwickelte mit ihnen einen vollkommen neuen Rennwagen, der vor allem durch seinen Motor Zeichen setzte. Mit Vierventiltechnik, oben liegender Nockenwelle und drei Zündkerzen pro Zylinder erreichte das Triebwerk erstmals eine Drehzahl von über 3.000 Touren und holte aus seinen viereinhalb Litern Hubraum 77 kW/105 PS heraus. Nur eines hatte der Hightech-Rennwagen nicht: Bremsen an den Vorderrädern. Das machte den Drift über die „Piste der 100 Kurven“ zu einem ganz besonderen Abenteuer.

Sechs Wagen des neues Typs wurden auf die Räder gestellt und zum Training nach Lyon gefahren. Ein siebter ging per Lastwagen und in Einzelteile zerlegt auf die Reise; er sollte als Ersatzteillager dienen. Christian Lautenschlager, der schon 1908 als erster Deutscher ein Grand-Prix-Rennen gewonnen hatte, Otto Salzer, Louis Wagner, Theodor Pilette und Max Sailer waren als Fahrer eingeteilt. Hinzu kam Alfred Vischer, der die Planung des Rennens geleitet hatte und das sechste Fahrzeug von Stuttgart nach Lyon brachte.

4. Juli 1914, acht Uhr: Start des Grand Prix von Frankreich. Über 200.000 Menschen säumten die Strecke und erlebten, was der A.C.F. versprochen hatte: Nervenkitzel pur. Schon nach fünf Runden sorgte Mercedes für Jubel, als Max Sailer an den Tribünen vorbeidonnerte und einen Schnitt von 112,325 km/h erreichte. Damit war er zwar der schnellste Mann des Rennens, doch schon wenig später musste Sailer mit Motorschaden aufgeben.

Jetzt richteten sich die Blicke auf George Boillot. Der Franzose wurde nach 15 Runden in Führung schon als Sieger gefeiert, als plötzlich Christian Lautenschlager auf sich aufmerksam machte. Der Schwabe fuhr schnell, riskierte aber wenig. Schon nach halber Renndistanz hatte er vorsorglich die Reifen gewechselt und sich damit einen Vorteil verschafft. Denn als Boillot in Runde 16 die verschlissenen Pneus wechseln musste und viel Zeit verlor, kam Lautenschlager immer näher. Zwar kämpfte Boillot verbissen, doch Motor und Fahrgestell seines Peugeot hielten die Strapazen nicht durch.

Damit war das Rennen entschieden: Christian Lautenschlager fuhr als Erster durchs Ziel. Ihm folgten seine Teamkollegen Louis Wagner und Otto Salzer. Das war eine Sensation: Mercedes hatte einen großartigen Dreifach-Sieg errungen – den ersten in der Geschichte des GP-Rennsports.

Es war allerdings für lange Zeit auch der letzte große Rennsieg, den es in Europa zu feiern gab: Dreieinhalb Wochen später begann der Erste Weltkrieg.

Dauerläufer: Die robusten Rennwagen von 1914 waren noch viele Jahre lang erfolgreich. Giulio Masetti (links) gewann damit 1922 die Targa Florio. Im gleichen Rennen startete auch Christian Lautenschlager mit dem Wagen, der heute zur Sammlung von Mercedes-Benz Classic gehört.

Die politischen Ereignisse bestimmten das Schicksal der Mercedes-Rennwagen, von denen heute nur noch drei Exemplare existieren. Dazu gehört Christian Lautenschlagers Siegerwagen mit der Chassisnummer 15364: Um den Rennerfolg zu feiern, sollte der Mercedes in der Londoner Werksvertretung ausgestellt werden, die ihn jedoch nach Kriegsausbruch an die Behörden aushändigen musste. Dabei interessiert sich die Briten vor allem für den Motor: Er wurde bei Rolls-Royce zerlegt und soll später als Vorbild für neue Flugzeugtriebwerke gedient haben. Jahre später, nach weiteren Besitzerwechseln, erwarb der amerikanische Sammler George Wingard den Rennwagen und besitzt ihn bis heute.

Auch Alfred Vischers Wagen, der beim Rennen in Lyon nicht zum Einsatz gekommen war, wird in den Vereinigten Staaten aufbewahrt. Die Daimler-Motoren-Gesellschaft hatte das Auto mit der Chassisnummer 15369 im September 1914 zunächst an einen Mitarbeiter der US-Botschaft in Rom verkauft. Danach fand der Rennwagen andere Besitzer, bis er schließlich Ende der 1980er-Jahre nach Florida kam. Dort ist das Auto in der Collier Collection zu bewundern.

Schon im Juli 1914 war der US-Rennfahrer Ralph DePalma nach Stuttgart gereist, wo er das Fahrzeug (Chassisnummer 15366) kaufte, mit dem Louis Wagner in Lyon Zweiter geworden war. DePalma gewann damit 1915 das berühmte 500-Meilen-Rennen von Indianapolis. Danach verlor sich die Spur dieses Rennwagens.

Das gleiche Schicksal traf Sailers Wagen mit der Chassisnummer 15363, der in Lyon ausgefallen war. Er wurde nach dem Grand Prix in der Mercedes-Vertretung auf den Champs-Élysées in Paris ausgestellt, wo die Behörden ihn nach Kriegsausbruch beschlagnahmten. Erst 1939 kam der Rennwagen zurück ins Werk, ging dann jedoch in den Wirren des nächsten Weltkriegs verloren.

Mit den beiden verbliebenen Grand-Prix-Rennwagen und dem Ersatzchassis konnte Mercedes ein erfolgreiches Comeback feiern – allerdings erst in den 1920er-Jahren: Der italienische Graf Giulio Masetti kaufte den ehemaligen Salzer-Wagen (Chassisnummer 15365) für 115.000 Lire, nahm damit an Bergrennen teil und gewann 1922 in Sizilien die Targa Florio. Später saßen auch Rudolf Caracciola und Adolf Rosenberger hinter dem Lenkrad dieses GP-Rennwagens. Er erhielt einen Kompressormotor und wurde noch bis Ende der 1920er-Jahre gefahren. Wegen seines Alters nannte man ihn intern respektvoll „Großmutter“. 1930 kaufte ein Privatmann den Rennwagen – und musste ihn sieben Jahre später nach einem Unfall verschrotten.

Zurück zur Targa Florio von 1922: Neben Giulio Masetti waren bei diesem Rennen auch die Werksfahrer Otto Salzer und Christian Lautenschlager am Start. Salzer mit dem ehemaligen Pilette-Wagen (Chassisnummer 15367) und Lautenschlager mit einem Rennwagen, den man bis dahin noch nicht gesehen hatte. Er war erst 1919 aus jenem Ersatzchassis aufgebaut worden, das man vorsichtshalber zum GP von Lyon mitgenommen hatte. Dieses Auto trägt die Chassisnummer 18269 – es ist der Rennwagen, der auf diesen Seiten zu sehen ist. Der Zweisitzer war auch noch nach der Targa Florio im Renneinsatz und siegte zum Beispiel 1924 bei einem Bergrennen in der Nähe von Rom.

„Mit einigem Herzklopfen bestieg ich zum ersten Mal meinen Wagen, da unsere Konstrukteure noch nie einen hochtourigen Motor gebaut hatten. Als ich beim Training auf der geraden Strecke im Gefälle auf 194 km/h kam, da war ich mit meinem Mercedes völlig zufrieden.“

Grand-Prix-Sieger Christian Lautenschlager über den Rennwagen von 1914. Das Foto zeigt ihn vor dem Rennen zusammen mit Beifahrer Hans Rieger.

EIN RENNWAGEN AUS ERSATZTEILEN

Dieser Rennwagen aus der Sammlung von Mercedes-Benz Classic existierte beim Grand Prix von 1914 nur als Ersatzchassis. Das komplette Fahrzeug wurde erst 1919 aufgebaut und diente dann noch viele Jahre als Renn- und Trainingswagen.

LENKEN, SCHALTEN, PUMPEN

Unterwegs hatten die Männer im Cockpit des Grand-Prix-Wagens buchstäblich alle Hände voll zu tun. Während der Fahrer den Wagen auf Kurs hielt und dabei nebenbei am Lenkrad noch Zündung und Gemisch regelte, musste der Beifahrer mittels Fuß- und Handpumpen dafür sorgen, dass der Motor stets genügend Benzin und Öl bekam.

langsam
spat
GEMISCH
ZUNDUNG
MERCEDES
schnell
fruh

„Ein eleganter Leib aus Leichtmetall. Schwingachsen. Acht Zylinder. Über 300 Pferdekräfte hat unser Chefkonstrukteur Dr. Nibel in diesen Motor gezaubert, der bei 7.000 Touren wie eine Herde Löwen brüllt."

Mercedes-Rennleiter Alfred Neubauer in seinen Erinnerungen „Männer, Frauen und Motoren" über den W 25. Das Foto zeigt ihn mit Manfred von Brauchitsch (links), dem ersten Rennsieger in einem Mercedes-Silberpfeil.

„Jeder Millimeter wurde ausgenutzt und jedes Teilchen ausgebohrt, um Gewicht zu sparen", beschrieb Rennfahrer Manfred von Brauchitsch den neuen Boliden. Und Rudolf Caracciola urteilte: „In diesem Wagen waren enorme Kräfte verborgen."

Doch auch am Nürburgring ging das Rätselraten weiter. „Startverbot" lautete die Hiobsbotschaft, die sich am Vorabend des Eifelrennens plötzlich wie ein Lauffeuer verbreitete. Die beiden gemeldeten W 25 waren zu schwer: Sie wogen 751 statt der erlaubten 750 Kilogramm. Was tun? „Ich kann keine lebenswichtigen Teile ausbauen lassen, alles ist bis aufs Gramm genau berechnet", rätselte Mercedes-Rennleiter Alfred Neubauer. Der Legende nach hatten er und Manfred von Brauchitsch schließlich doch noch einen Geistesblitz: Die weiße Lackierung, mit der deutsche Rennwagen traditionell an den Start gingen, musste weg. Stundenlang sollen Mechaniker in jener Nacht in der Garage des am Nürburgring gelegenen Forsthauses „Sankt Hubertus" geschuftet haben, um dieses Experiment zu wagen.

Offenbar mit Erfolg: Als die beiden Rennwagen am nächsten Morgen wieder an der Strecke erschienen, wogen sie laut Alfred Neubauer „haarscharf 750 Kilogramm". Um 13.30 Uhr fiel die Startflagge. Manfred von Brauchitsch übernahm die Führung, stellte einen neuen Streckenrekord auf und schlug mit seinem Sieg ein neues Kapitel in der Rennsportgeschichte auf: Die Ära der Silberpfeile hatte begonnen.

Der W 25 blieb auch weiterhin auf Erfolgskurs. Bis zu seiner Ablösung zum Beginn der Saison 1937 fuhr der erste Mercedes-Silberpfeil bei insgesamt 16 Rennen jeweils als Erster durchs Ziel.

Mit mehr als 250 km/h donnerte Manfred von Brauchitsch beim Eifelrennen an den Fotografen vorbei – und war damit zu schnell für die Fotoapparate der damaligen Zeit, die den Silberpfeil nur verzerrt im Bild festhalten konnten.

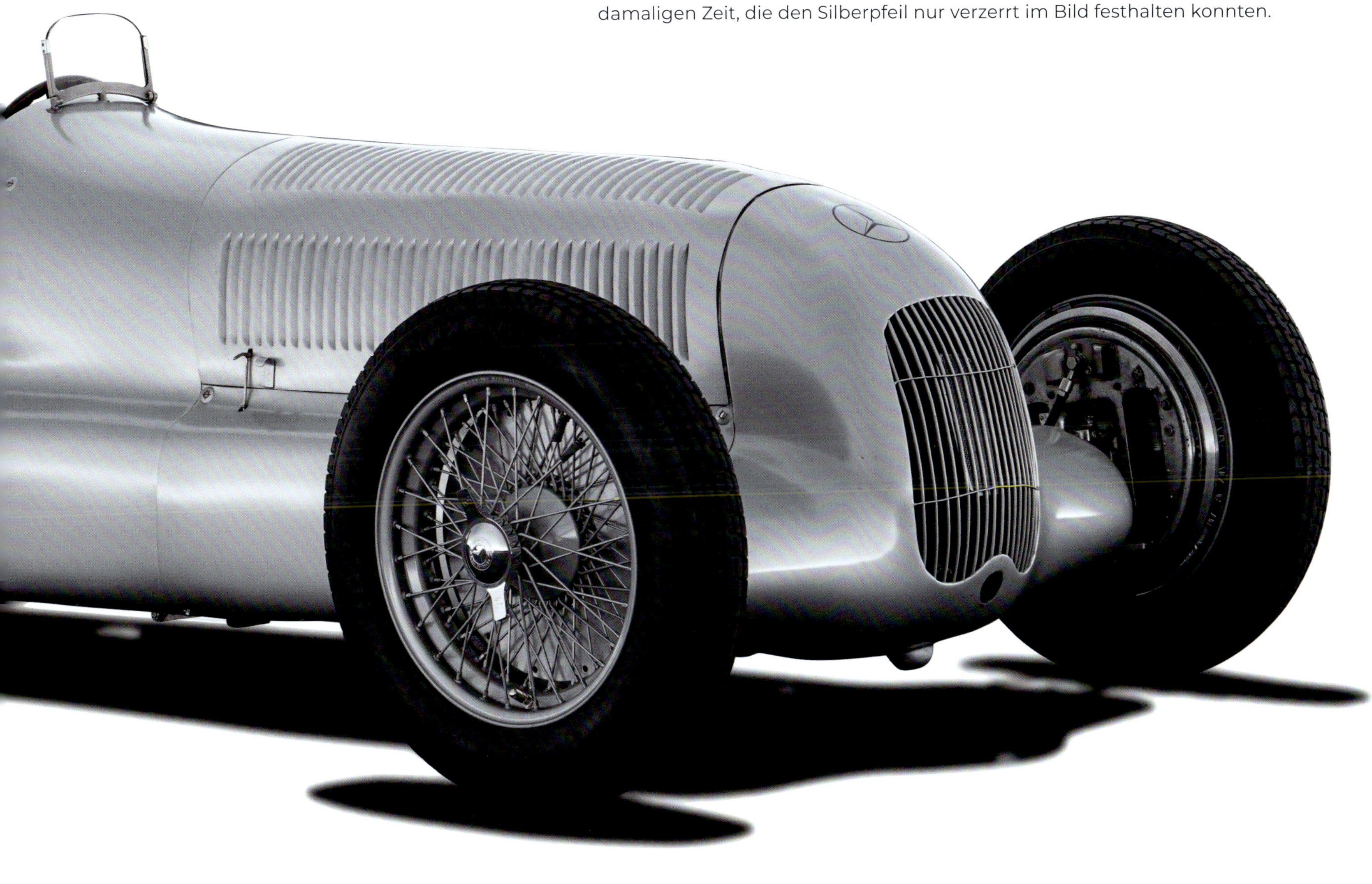

EINER VON SECHZEHN

Von den insgesamt 16 Exemplaren des W 25, die ab Ende 1933 in verschiedenen Versionen gebaut wurden, existieren heute noch vier. Sie gehören alle zur Fahrzeugsammlung von Mercedes-Benz und sind authentische Zeitzeugen jener spannenden Ära des Motorsports.

SIEGE IN SERIE

Dieser W 25 mit der Chassisnummer 105194/4 hat Geschichte geschrieben. Nach dem ersten Sieg im Juni 1934 auf dem Nürburgring fuhren Manfred von Brauchitsch, Luigi Fagioli, Hanns Geier, Ernst Henne und Hermann Lang den Rennwagen noch bei sechs weiteren Grand-Prix-Rennen. Ende der 1990er-Jahre wurde er originalgetreu restauriert.

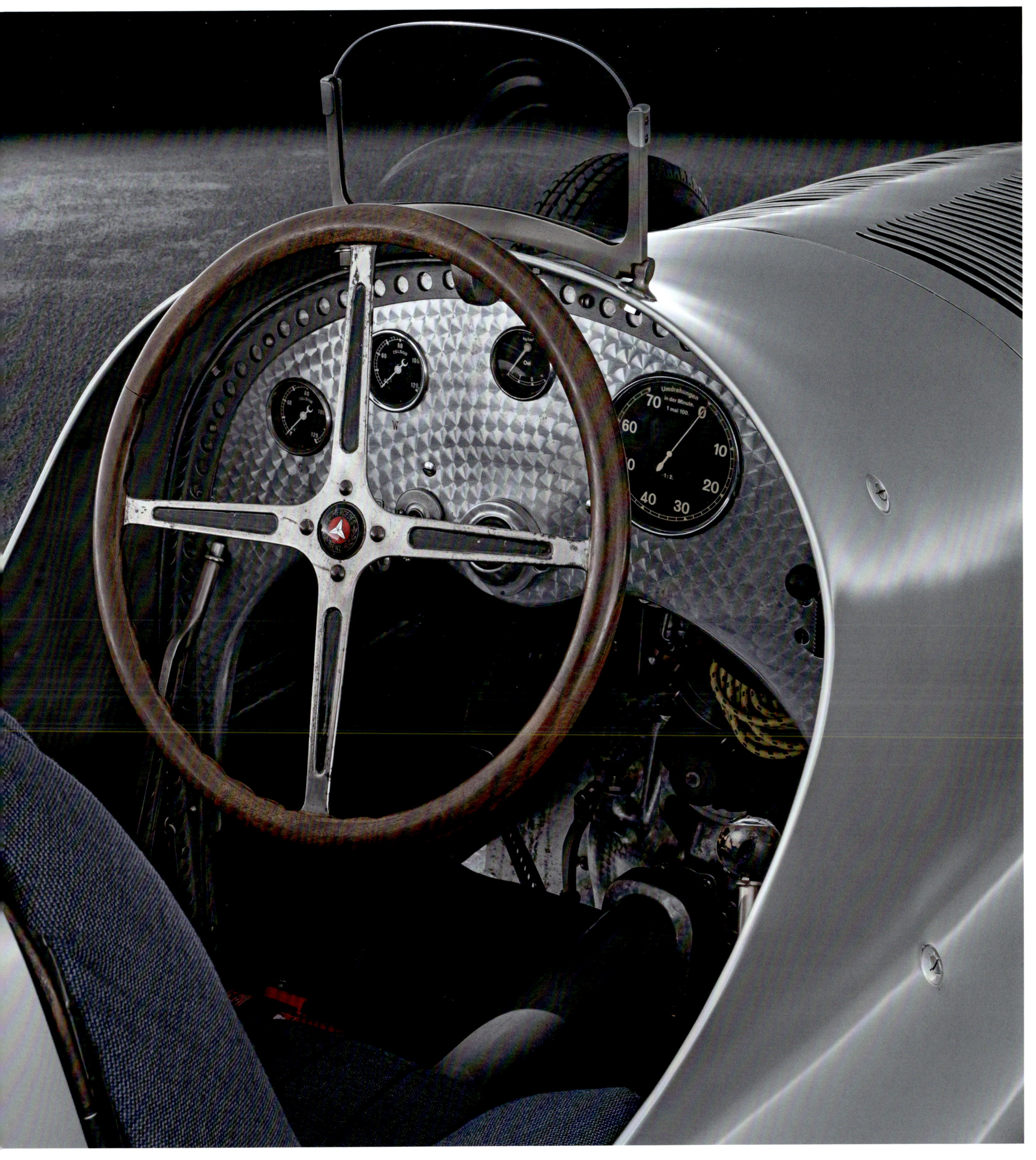
Umdrehungen
in der Minute.
1 mal 100.
CELSIUS
Oel
MERCEDES
BENZ

TEMPOMACHER

Caracciolas Rekordwagen aus dem Jahre 1936 existiert in den „Heiligen Hallen“ noch heute. Damit war der Rennfahrer über 370 km/h schnell.

REKORDE AUF DER AUTOBAHN

Rekordwagen von 1936 bis 1939:
Die Jagd nach Temporekorden beflügelte die Ingenieure und ließ technische Meisterwerke entstehen. In den „Heiligen Hallen" wird ihre Geschichte lebendig.

Wer baut die besten Rennwagen? Mercedes-Benz oder Auto-Union? Das war die Frage, die in den 1930er-Jahren in Deutschland hunderttausende Menschen bewegte. Gespannt verfolgten sie an ihren Radioapparaten, wie die Autofirmen bei den Rennen abschnitten und fieberten mit den Teams um den Sieg.

Es war ein spannender sportlicher Zweikampf der beiden Automarken, der ab Herbst 1936 eine noch größere Dramatik erlangte, als es zwischen Mercedes-Benz und Auto-Union nicht mehr nur um Siege sondern auch um Temporekorde ging. Um Weltrekorde. Der Schauplatz dieser Wettfahrten war die Autobahn zwischen Frankfurt/Main und Heidelberg: eine neu gebaute, kurven- und kreuzungsfreie Strecke, die zum Vorstoß in neue Temporegionen einlud.

Aus dieser Zeit stammt ein ganz besonderer Silberpfeil, den Mercedes-Benz Classic als eines der wertvollsten Exponate in den „Heiligen Hallen" aufbewahrt. Es ist der Original-Rekordwagen, mit dem Rudolf Caracciola 1936 ein Spitzentempo von über 370 km/h erreichte.

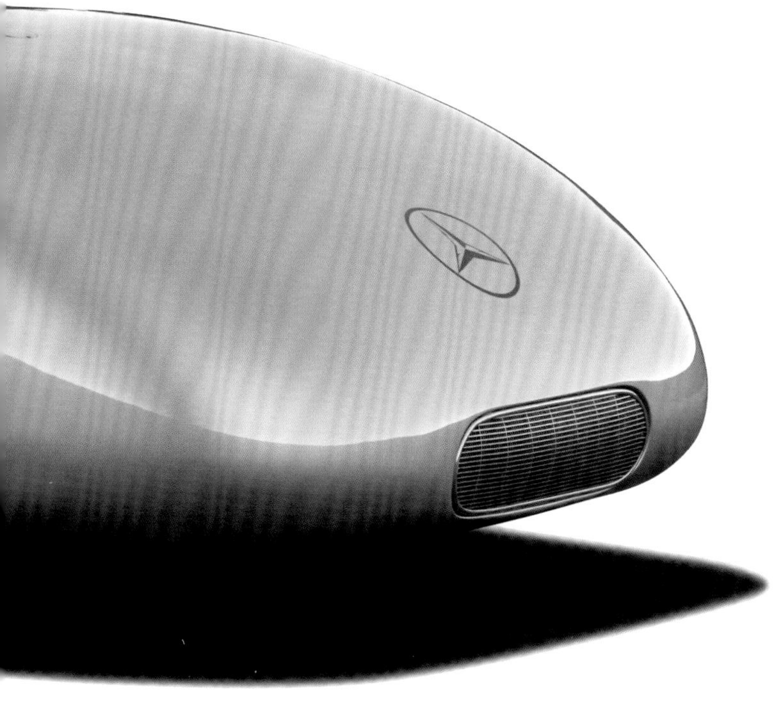

Den 5,36 Meter langen und nur 1,25 Meter hohen Einsitzer hatte der junge Mercedes-Ingenieur Josef Müller auf Basis des W 25-Rennwagens aus dem Jahre 1934 (siehe auch Seite 100) konstruiert. Als Antrieb diente jedoch ein neues Zwölfzylinder-Triebwerk, das aus 5,6 Litern Hubraum und mithilfe zweier Kompressoren beachtliche 453 kW/616 PS entwickelte. Doch Müller wusste: Leistung allein genügte nicht. Deshalb holte er im Windkanal der Friedrichshafener Zeppelin-Werke Rat von Aerodynamikexperten und entwickelte eine Stromlinienkarosserie mit einem noch heute sensationellen Luftwiderstandsbeiwert (c_W-Wert) von nur 0,235.

Treffpunkt Autobahn, 26. Oktober 1936: Das Wetter war gut und Rudolf Caracciola in Topform: Mit 364,38 km/h über einen Kilometer stellte er zuerst einen neuen Klassenrekord für Fahrzeuge mit fünf bis acht Liter Hubraum auf. Auch die Meile schaffte er nach fliegendem Start mit einer neuen Bestleistung von 366,9 km/h – auf der Rückfahrt waren es sogar inoffizielle 372,1 km/h. Dann begann der Angriff auf die Rekorde für größere Distanzen, die noch immer eine Domäne der Auto-Union und ihres Werksfahrers Hans Stuck waren. Das Ergebnis: 340,554 km/h über fünf Kilometer – deutlich mehr als Stucks bisherige Bestleistung.

Am 11. November 1936 folgte die Fortsetzung dieser Rekordserie, und Caracciola erreichte auch in weiteren Disziplinen Geschwindigkeiten, die über den Ergebnissen der Konkurrenz lagen. Mit 333,489 km/h über zehn Meilen stellte er sogar einen neuen absoluten Weltrekord auf.

„Schmal ist die Bahn bei diesem Tempo. Mittendrauf der schwarze Strich. Auf ihn muss man zielen, und auf die Brücken, teuflisch eng, gleich einem Nadelöhr."

Rudolf Caracciola über seine Autobahn-Rekordfahrt mit Tempo 432. Das Foto zeigt ihn in dem engen Cockpit des Rekordwagens von 1936.

Mit Eiskühlung zum Weltrekord

Der nächste Rekordwagen basierte auf dem Silberpfeil des Jahres 1937, dem W 125. Nur den V12-Motor übernahm man vom vorherigen Rekordwagen und steigerte dessen Leistung auf bis zu 562 kW/765 PS. Außerdem hatten die Ingenieure eine neue Stromlinienkarosserie entworfen, die heute zu den Attraktionen der Dauerausstellung des Mercedes-Benz Museums in Stuttgart gehört.

Doch auch das Fahrgestell war im Originalzustand erhalten geblieben; es wurde seit Jahrzehnten in den „Heiligen Hallen" unter Verschluss gehalten. Anfang 2018 entschloss sich Mercedes-Benz Classic, für dieses Fahrgestell eine originalgetreu rekonstruierte Karosserie anfertigen zu lassen und so ein komplettes Exponat jenes legendären W 125-Rekordwagens zu schaffen. Es erlaubt heute einen genauen Einblick in technische Detaillösungen, die einen Temporekord ermöglichten, der immerhin fast 80 Jahre lang Gültigkeit hatte.

Das geschah am frühen Morgen des 28. Januar 1938: Auf der Autobahn bei Frankfurt/Main stand ein 6,25 Meter langes, „silberglänzendes Ungeheuer" (Caracciola), an dessen aerodynamischem Feinschliff auch Flugzeugentwickler wie Willy Messerschmitt und Ernst Heinkel mitgewirkt hatten. Das Ergebnis war ein rekordverdächtiger c_W-Wert von nur 0,17. Um dieses Ergebnis zu erzielen, hatten die Ingenieure sogar die Lufteinlassöffnungen in der Frontpartie so weit wie möglich verkleinert – und warfen damit bei ihren Kollegen viele Fragen auf. „Ein Motor ohne Kühlung?", polterte Rennleiter Neubauer. „Das gibt doch Kolbenfresser." Des Rätsels Lösung war Eis: Vor den V12-Motor wurde ein mit fünf Kilogramm Eis gefüllter Behälter montiert, durch den das Kühlwasser strömte. Weil nur kurze Strecken gefahren wurden, bestand kein Risiko, dass der Eisvorrat unterwegs schmolz.

Die Rechnung ging auf: Um 8.10 Uhr kletterte Rudolf Caracciola ins Cockpit des Rekordwagens, um 8.20 Uhr bekam er das Startzeichen für die Probefahrt, und kurz nach neun Uhr saß er bereits wieder im Hotel beim Frühstück – als neuer Rekordinhaber. Mit 432,7 km/h für den fliegenden Kilometer und 432,4 km/h für die Meile war er der schnellste Mann auf einer öffentlichen Straße – und ist es in Europa noch heute.

Der Versuch der Auto-Union, diesen Rekord noch am gleichen Tag zu übertreffen, endete tragisch: Bernd Rosemeyers Rekordwagen wurde bei Tempo 400 durch eine Windbö von der Fahrbahn geschleudert. Rosemeyer hatte keine Chance, er starb im Alter von nur 28 Jahren.

Trotz des hohen Risikos, der Wunsch, immer schneller zu fahren und neue Rekorde aufzustellen, blieb bestehen. Für Hans Stuck war es sogar ein „Lebenswunsch". Schon Mitte der 1930er-Jahre hatte der deutsch-österreichische Rennfahrer den Plan gefasst, den absoluten Geschwindigkeitsrekord für Landfahrzeuge zu brechen. Der lag damals bei 484 km/h, 1939 aber schon bei 595 km/h. Für dieses ebenso kühne wie prestigeträchtige Vorhaben bekam Stuck Unterstützung von höchster Stelle und schaffte es dank seiner Beziehungen sogar, dass ihm das Luftfahrtministerium einen neuen, noch geheimen Mercedes-Flugzeugmotor zur Verfügung stellte.

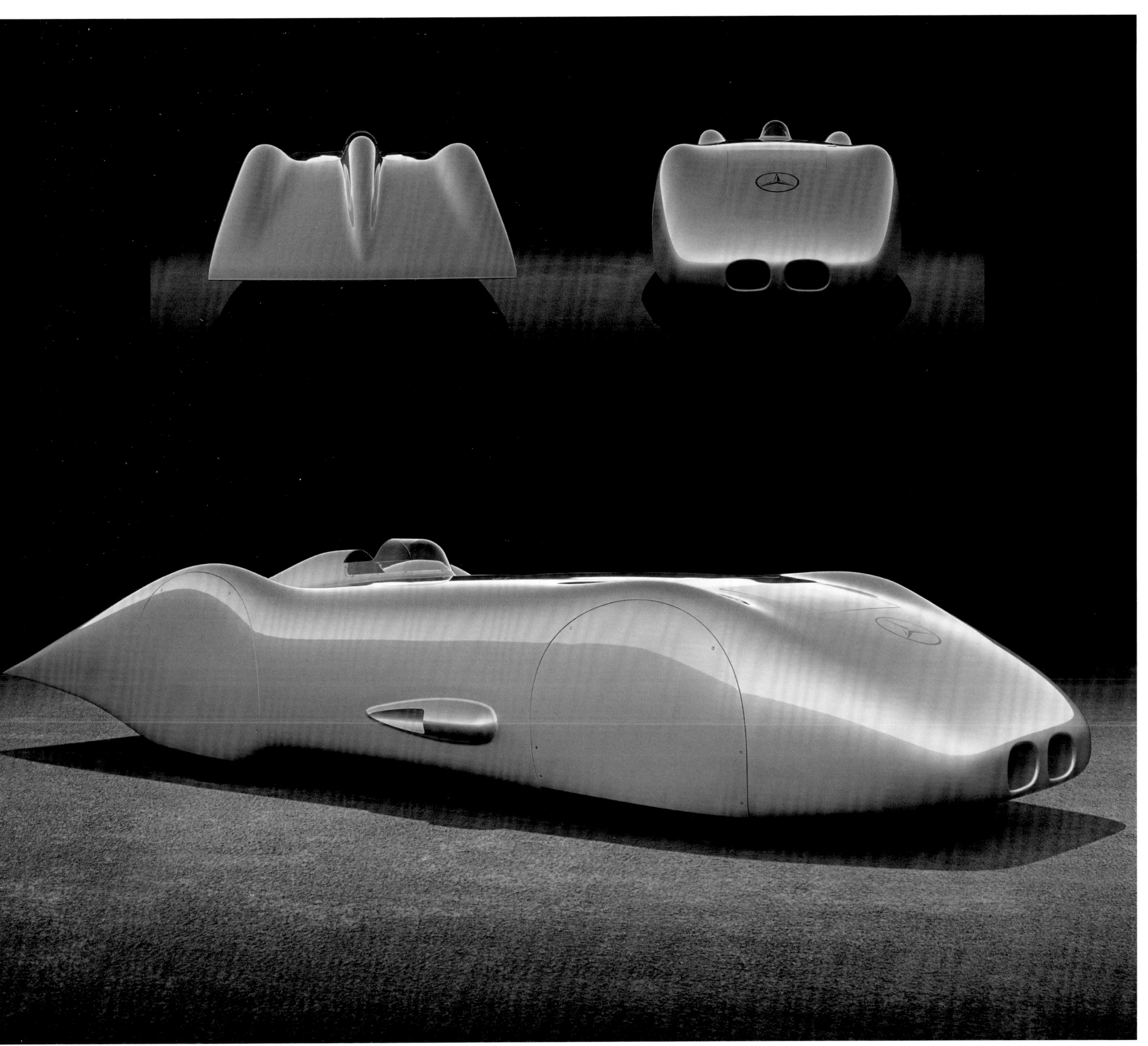

HOCHZEIT NACH 80 JAHREN

Während die Originalkarosserie des W 125-Rekordwagens zur Dauerausstellung des Mercedes-Benz Museums gehört, blieb das Fahrgestell stets in den „Heiligen Hallen". 2018 ließ man eine Karosserie rekonstruieren und mit dem Fahrgestell von 1938 vereinen.

„Ich plane seit Jahren an der Verwirklichung meines Lebenswunsches – dem absoluten Weltrekord."

Rennfahrer Hans Stuck am 17. August 1936 in einem Brief an Daimler-Benz-Chef Wilhelm Kissel.

Ferdinand Porsche wurde als Konstrukteur für das Rekordfahrzeug verpflichtet; Daimler-Benz sollte es bauen. Projektname: Typ 80, kurz T 80.

So entstand ab 1937 ein 8,24 Meter langer Dreiachser mit einer Karosserie nach Plänen des Stuttgarter Aerodynamikexperten Wunibald Kamm. Dank des c_W-Werts von nur 0,18 und des 2.574 kW/3.500 PS starken V12-Motors sollte der Typ 80 laut Porsches Berechnungen auf der Autobahn bei Dessau ein Tempo von über 650 km/h erreichen. Doch soweit kam es nicht: Die Entwicklung zog sich in die Länge, und als der Wagen im Oktober 1939 endlich seinen ersten Prüfstandstest absolviert hatte, war es bereits zu spät: Der Zweite Weltkrieg hatte begonnen; die Zeit für Rekordfahrten war vorbei.

In Vergessenheit geriet dieses ehrgeizige Projekt aber nicht: Der Rekordwagen wurde zum Museumsstück, wobei man 1986 allerdings Karosserie und Fahrgestell voneinander trennte. Nur Karosserie, Gitterrohrrahmen und Räder werden seit damals im Mercedes-Benz Museum ausgestellt, Fahrgestell und Cockpit blieben in den „Heiligen Hallen".

Dieses Originalchassis wurde kürzlich zu einem faszinierenden Technikexponat aufgewertet, denn Fachleute von Mercedes-Benz Classic komplettierten es mit einem authentisch rekonstruierten Gitterrohrrahmen, neu angefertigten Rädern sowie einem noch im Originalzustand erhaltenen Schnittmodell des V12-Flugmotors DB 603. Zeichnungen aus den Werksarchiven bildeten die Grundlage für diese aufwendige Rekonstruktion. Ihr ist es verdanken, dass sich das technische Innenleben des T 80 heute wieder genau so präsentiert, wie Mercedes-Benz es vor acht Jahrzehnten gebaut hat – zur Erfüllung eines „Lebenswunsches".

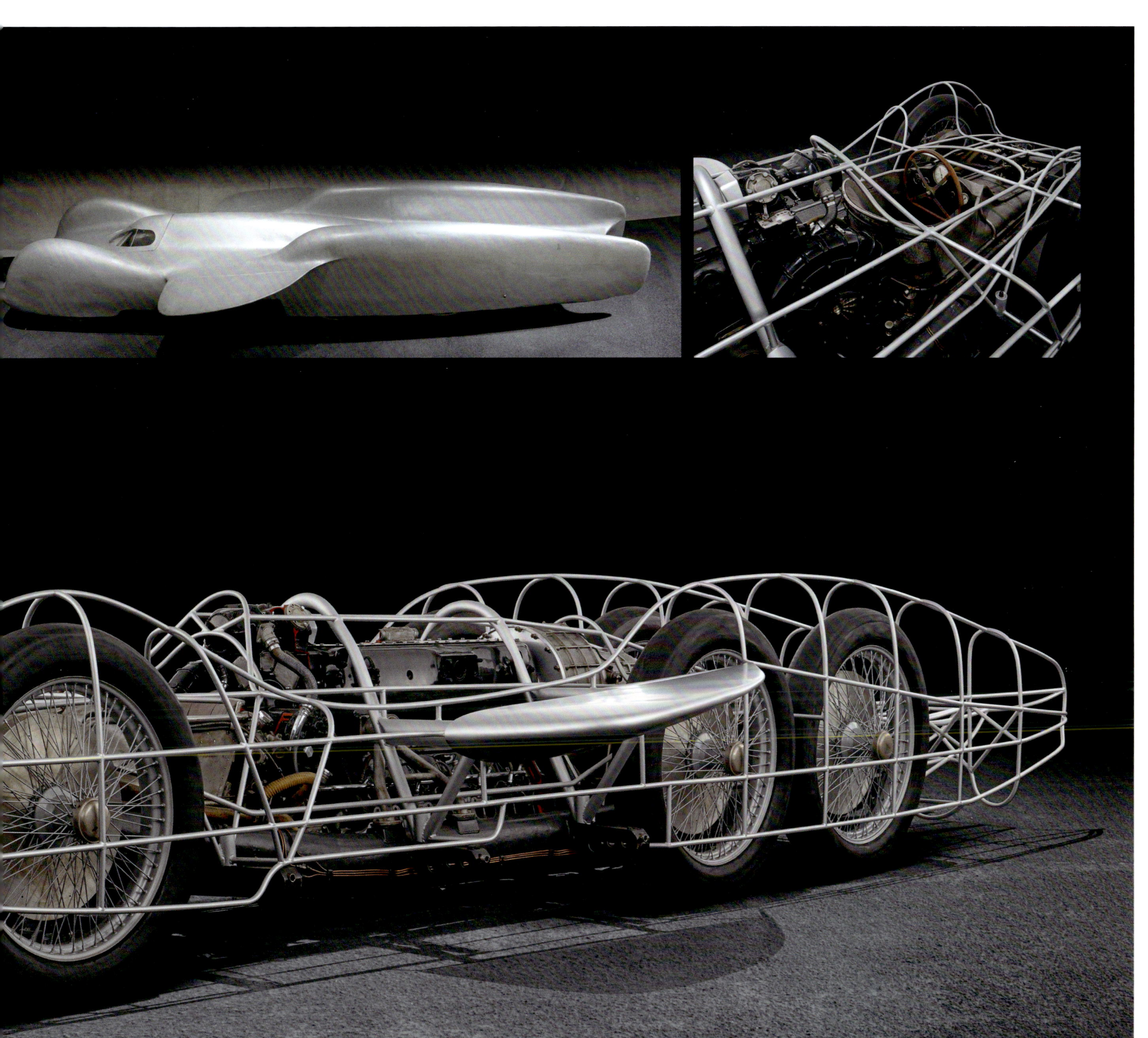

DREI ACHSEN FÜR 3.500 PS

Das neu hergestellte Exponat gibt Einblicke in die Technik des T 80-Rekordwagens. Motor, Fahrgestell, Sitz und Instrumente stammen noch aus den 1930er-Jahren. Die Originalkarosserie des dreiachsigen Giganten ist im Mercedes-Benz Museum zu sehen (oben links).

LÄNGE LÄUFT

Mit den Rekordwagen der 1930er-Jahre stieß Mercedes-Benz nicht nur bei der Geschwindigkeit in neue Dimensionen vor. Der 562 kW/765 PS starke W 125 (vorn) ist 6,15 Meter lang, der T 80 bringt es sogar auf 8,24 Meter. Jedes seiner Räder misst im Durchmesser 1,17 Meter.

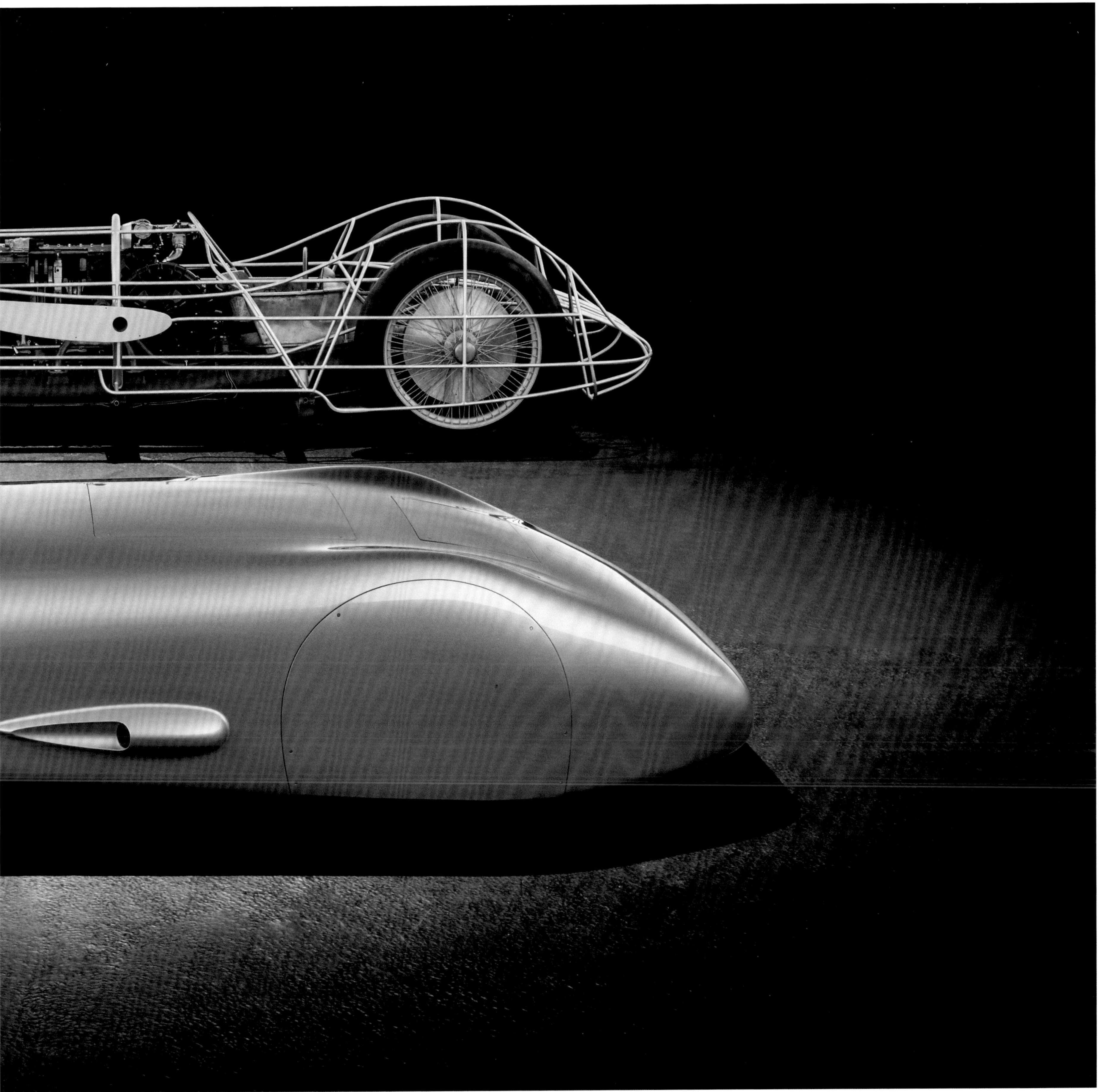

ECHTSILBER

Holzlenkrad, Schaltknauf, Instrumente, Schalter und Stoffbezüge stammen noch im Originalzustand aus den Jahren 1951/1952. Die Plexiglasscheiben wurden bei der Restaurierung von dem gleichen Hersteller angefertigt, der Mercedes-Benz schon 60 Jahre zuvor beliefert hatte. Bei der Rekonstruktion der speziellen Lackfarbe halfen historische Fotos und Filmaufnahmen.

300 SL

DAS WUNDER VON REIMS

Am 4. Juli 1954 feierten die Silberpfeile beim Grand Prix von Frankreich ihr Comeback. Mit Juan Manuel Fangio und Karl Kling errang Mercedes-Benz einen legendären Doppelsieg.

DOPPELSTRATEGIE

Mercedes-Benz W 196 R:
Elf Siege in 14 Rennen – das war die eindrucksvolle Erfolgsbilanz dieses Formel-1-Rennwagens von 1954/1955. Es gab ihn zwei Karosserieversionen.

Es gibt Tage, die für immer im Gedächtnis einer Nation gespeichert bleiben. Der 4. Juli des Jahres 1954 gehört wahrscheinlich dazu. Es war ein Sonntag. Ganz Deutschland hatte sich vor den Radioapparaten versammelt, als um fünf Uhr nachmittags im Berner Wankdorfstadion der Anpfiff für das Endspiel der Fußballweltmeisterschaft ertönte. Deutschland gegen Ungarn – das versprach Spannung pur. Tatsächlich: Erst kurz vor Spielende, in der 89. Minute, schoss Helmut Rahn das entscheidende Tor: Deutschland wurde Weltmeister und feierte das „Wunder von Bern".

Doch das war nicht das einzige sportliche Ereignis an diesem denkwürdigen Sonntag. Und nicht der einzige große Erfolg für Deutschland: Am gleichen Nachmittag gewann Mercedes-Benz in Reims den Großen Preis von Frankreich und feierte damit den ersten Formel-1-Sieg seit 1939. Es war das Comeback der Silberpfeile. Juan Manuel Fangio, der an diesem Tag zum ersten Mal für Mercedes-Benz startete, wurde der Sieger des Rennens, Karl Kling Zweiter.

Für diesen Doppelsieg hatte man gut ein Jahr lang hart gearbeitet. In der Untertürkheimer Rennwerkstatt war ein komplett neuer Rennwagen entstanden, der mit vielerlei technischen Besonderheiten Maßstäbe setzte – und zugleich mit einer Tradition brach: Seit den 1920er-Jahren war es der erste Grand-Prix-Wagen aus Stuttgart ohne Kompressoraufladung. Dafür bot der neue Motor acht Zylinder in Reihenanordnung, Benzindirekteinspritzung, Doppelzündung und eine neuartige, „desmodromische" Zwangsventilsteuerung. Mit einer Mischung aus Nitrobenzol, Methanol, Flugbenzin und Azeton leistete das 2,5-Liter-Triebwerk 188 kW/256 PS, später steigerte man diesen Wert auf 213 kW/290 PS.

Rudolf Uhlenhaut hatte für den neuen W 196 R eine Spitzengeschwindigkeit von über 300 km/h versprochen, doch der erfahrene Rennwagenkonstrukteur wusste auch, dass dieses Tempo nicht allein mit dem starken Motor zu erreichen war. So kamen auch andere Erfahrungen, die man bereits bei der Entwicklung der Rekordwagen in den 1930er-Jahren gemacht hatte, dem neuen Silberpfeil zugute. Erfahrungen aus dem Windkanal: Hier wuchs der W 196 R vom Aero-Modell im Maßstab 1:5 zu einem stattlichen Rennwagen mit breiter Front, flacher Motorhaube und strömungsgünstig geformten Radabdeckungen heran, der dem Fahrtwind weniger Angriffsfläche bot als ein Monoposto mit freistehenden Rädern.

Karl Kling war der erste Rennfahrer, der den neuen Silberpfeil ausprobieren durfte. Im März 1954 absolvierte er auf der Autobahn bei Stuttgart-Echterdingen die ersten Testfahrten, die er später mit Versuchschef Uhlenhaut und dem jungen Rennfahrer Hans Herrmann auf dem Hockenheimring fortsetzte. Dabei bestätigte sich eine Vermutung, die den Konstrukteuren schon seit einiger Zeit durch die Köpfe gegangen war – die Vermutung, dass der aerodynamisch optimierte Wagen auf kurvigen Strecken ein Manko bei der Übersichtlichkeit und beim Handling hat. Immerhin: Bei einem Radstand von 2,35 Metern maß die Karosserie in der Breite 1,68 und in der Länge stattliche 4,36 Meter.

Die Erkenntnis kam zwar spät, aber nicht zu spät. Und sie brachte das Mercedes-Team auf die Idee einer raffinierten Doppelstrategie. Der W 196 R sollte in zwei Versionen startklar gemacht werden: als schneller Stromlinienwagen und als wendiger Monoposto mit freistehenden Rädern. So wollte man auf allen Strecken konkurrenzfähig sein.

SOUVERÄNER SIEGER

Fangio auf dem Weg zum zweiten WM-Titel: Im Cockpit dieses W 196 R mit der Chassisnummer 00008/54 siegte der Argentinier am 5. Juni 1955 beim Großen Preis von Belgien.

„Ein sensationelles Gerät, von dem jeder Fahrer ein Leben lang träumt."

Juan Manuel Fangio über den Rennwagen W 196 R. Das Foto zeigt ihn mit Bundespräsident Theodor Heuss am 1. August 1954 bei der Siegerehrung auf dem Nürburgring.

Sieg in Frankreich – Niederlage in England

Routinier Karl Kling und Neuling Hans Herrmann waren zu diesem Zeitpunkt bereits als Fahrer für das erste Rennen geplant. Doch Motorsportchef Neubauer hatte noch eine weitere Trumpfkarte im Ärmel: Am 30. März 1954 verpflichtete er den amtierenden Vize-Weltmeister Juan Manuel Fangio und machte ihn zum „Kapitän" im Silberpfeil-Team. Der neue Wagen sei „wirklich eine Wolke" hatte Neubauer ihm versprochen. Und der 43-jährige Fangio bestätigte es, als er in Reims als Erster über die Ziellinie fuhr – mit einer Durchschnittsgeschwindigkeit von 186,6 km/h und einem Kraftstoffverbrauch von 46 Litern je 100 Kilometer, wie es in der „Wagen-Lebenslauf-Karte" seines W 196 R heißt.

Den gleichen Rennwagen fuhr der Argentinier auch zwei Wochen später beim Großen Preis von England in Silverstone – und hatte diesmal großes Pech. Die breite, unübersichtliche Stromlinienkarosserie machte ihm auf der kurvenreichen Piste das Leben schwer. Mehrfach kam Fangio von der Strecke ab und verlor dadurch viel Zeit. Das Ergebnis: Ferrari erzielte einen Doppelsieg, Fangio schaffte es nur auf den vierten Platz und Karl Kling wurde Siebter.

Die Stuttgarter hatten ihre Lektion gelernt und erkannt, dass fürs nächste Rennen auf dem Nürburgring endlich die Variante mit freistehenden Rädern einsatzbereit gemacht werden musste. Das war am 1. August 1954 beim Großen Preis von Europa, einem sportlichen Großereignis mit über 300.000 Zuschauern. Selbst Bundespräsident Theodor Heuss war dabei, wollte den Wettkampf zwischen Ferrari und Mercedes-Benz miterleben. Er wurde nicht enttäuscht: Fangio gewann mit eineinhalb Minuten Vorsprung vor Ferrari. Nach weiteren Siegen in der Schweiz und in Italien und einem dritten Platz in Spanien hatte der Mercedes-Pilot in der Fahrerwertung schließlich insgesamt 42 Punkte auf dem Konto und wurde Weltmeister. Und so ging es in der nächsten Saison weiter. Ob in Buenos-Aires, Spa-Francorchamps, Zandvoort oder Monza, die Überlegenheit der Silberpfeile und ihres Chefpiloten war allgegenwärtig. Die Erfolgsbilanz: Fangio wurde 1955 nochmals Weltmeister und lobte seinen Rennwagen als „sensationelles Gerät".

Dieses „Gerät" sollte in der Saison 1956 sogar noch schneller werden. Deshalb experimentierten die Entwickler schon beim Training in Monza mit verschiedenen neu gestalteten Frontpartien, die den Luftwiderstand des Stromlinienwagens weiter verringern sollten. Es blieb jedoch beim Experimentieren: In Monza startete der Silberpfeil am 11. September 1955 zum letzten Mal bei einem Grand-Prix-Rennen. Sechs Wochen später gab Mercedes-Benz bekannt, dass man alle Aktivitäten im Motorsport beenden werde.

Die sportliche Karriere des W 196 R war kurz, aber sehr erfolgreich: 15 Monate mit 14 Renneinsätzen und elf Siegen. Dafür hatte man in der Stuttgarter Rennwerkstatt 14 Exemplare des Silberpfeils auf die Räder gestellt. Heute existieren davon noch zehn: Sechs Rennwagen gehören zur Fahrzeugsammlung von Mercedes-Benz. Dazu kommen drei Exemplare, die in Museen in Turin, Wien und Indianapolis zu sehen sind. Ein weiterer W 196 R befindet sich in Privatbesitz; er machte zuletzt im Sommer 2013 Schlagzeilen, als er bei einer Versteigerung den Besitzer wechselte – für mehr als 30 Millionen US-Dollar.

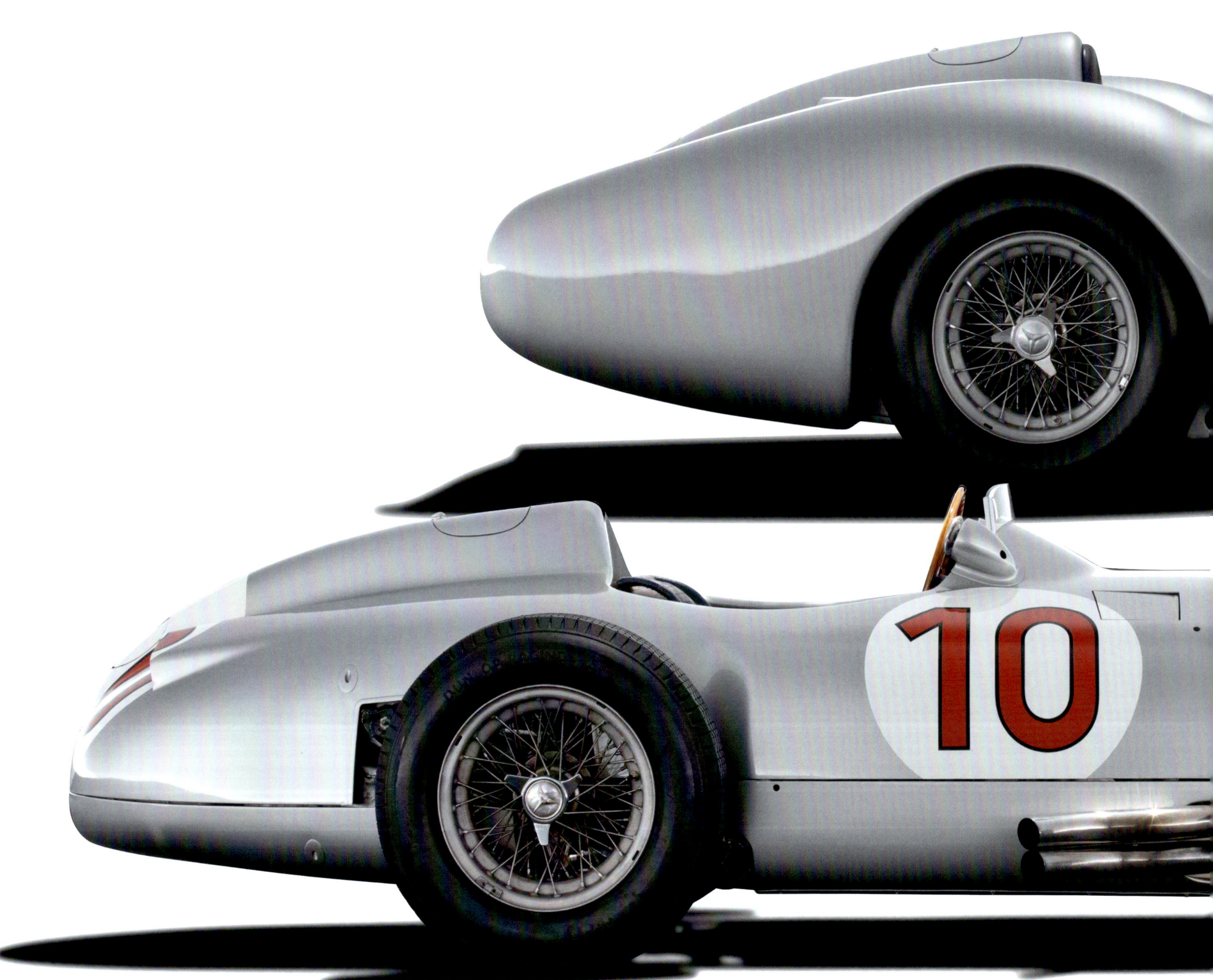
10

DOPPELRENNER

Der W 196 R mit der Chassis-Endnummer 00010/55 (ganz oben) war 1955 bei den Grand-Prix-Rennen von Belgien und Holland im Einsatz. Für den GP von Italien erhielt er eine Stromlinienkarosserie und diente als Trainingswagen. Sein Pendant mit freistehenden Rädern fuhr Juan Manuel Fangio 1954 beim Grand Prix in Spanien und 1955 in Belgien.

AKROBATIK IM COCKPIT

Wegen des breiten Kardantunnels mussten die Rennfahrer mit gespreizten Beinen hinter dem Lenkrad des W 196 R Platz nehmen und sich daran gewöhnen, dass Gas- und Kupplungspedal rund 60 Zentimeter voneinander entfernt sind.

X 1000
"VEGLIA"

DER SILBERPFEIL DER 1980ER-JAHRE

Sauber-Mercedes C 9 von 1989:
Aus der Kooperation zwischen dem Rennstall von Peter Sauber und Mercedes-Benz ging einer der erfolgreichsten Gruppe-C-Rennwagen hervor.

Motoren aus Stuttgart, Rennwagen aus Zürich: Das war das Erfolgsrezept, mit dem das Team Sauber-Mercedes Mitte der 1980er-Jahre in der Sportwagen-Weltmeisterschaft startete. Der Rennstall des Schweizers Peter Sauber konstruierte Karosserie und Fahrwerk, Mercedes-Benz lieferte die 515 kW/700 PS starken V8-Motoren. So entstand 1985 zunächst der Rennwagen C 8, der zwei Jahre später durch den stärkeren C 9 abgelöst wurde. Er trug ab 1989 erstmals die traditionsreiche Silberlackierung der Mercedes-Rennwagen.

Die Karriere des C 9 hatte schon im Herbst 1987 mit einem Sieg auf dem Nürburgring begonnen, dem in den beiden folgenden Jahren 17 weitere folgten. Damit war der über 370 km/h schnelle Sauber-Mercedes einer der erfolgreichsten Gruppe-C-Rennwagen aller Zeiten. Mit dem C 9 und seinem Nachfolger C 11 gewann das deutsch-schweizerische Rennteam in den Jahren 1989 und 1990 2-mal in Folge die Sportwagen-Weltmeisterschaft. Unvergessen bleiben vor allem triumphale Doppelsiege wie der beim legendären 24-Stunden-Rennen von Le Mans im Juni 1989.

Der Siegerwagen ist im Mercedes-Benz Museum ausgestellt, zwei weitere der zwischen 1987 und 1989 hergestellten C 9 haben ihren Platz in den „Heiligen Hallen". Schriftzüge auf den Karosserien erinnern an die Spitzenfahrer, die im Cockpit dieser Rennwagen saßen und siegten: Jean-Louis Schlesser, Jochen Mass, Manuel Reuter, Mauro Baldi, Kenny Acheson, Gianfranco Brancatelli und Stanley Dickens.

145 RUNDEN HITZESTRESS

Jean-Louis Schlesser und Jochen Maas pilotierten im Juni 1989 den C 9 mit der Startnummer 62. Bei Temperaturen von 37 Grad Celsius drehten sie auf dem Kurs im spanischen Jarama 145 Runden – und gewannen.

Marlboro
SAUBER MERCEDES
18
Mobil
62
Castrol
MICHELIN
AEG
SCHLESSER
PUSH
POUSSEZ
MICHELIN
Castrol
BILSTEIN
Castrol
MICHELIN

AUF REKORDJAGD

In den „Heiligen Hallen" bleibt die Erinnerung an die Rekordfahrt vom August 1983 bis ins Detail lebendig. Dafür sorgt ein spezieller Klarlack, der bei einem Wagen Staub, Schmutz und andere Blessuren der 50.000-Kilometer-Strapaze konserviert.

REKORD-BABY

Mercedes-Benz 190 E 2.3-16 und 190 E 2.5-16 Evolution II.
Die sportlichen Versionen des „Baby-Benz“ stellten ab 1983 Weltrekorde auf, machten Rennfahrer berühmt und gewannen Meistertitel.

Als Mercedes-Benz Ende 1982 mit den Modellen 190 und 190 E den lang erwarteten „Baby-Benz“ vorstellte (siehe auch Seite 186), war die Absicht klar: Die Automarke wollte neue Kunden erobern. Vor allem junge Menschen. Was das bedeutete, brachte der damalige Entwicklungsvorstand Werner Breitschwerdt auf den Punkt: „Wer die Jugend begeistern will, muss sich sportlich betätigen.“ So entstand der „Sechzehnventiler“ – die Sportversion des „Baby-Benz“, für die man sich eine besondere Premiere ausgedacht hatte: einen Vollgas-Marathon über 50.000 Kilometer

12. August 1983, 22 Uhr: Auf dem Rundkurs im süditalienischen Nardò starteten drei durch Farbmarkierungen gekennzeichnete Fahrzeuge des Typs 190 E-2.3-16: Team Rot, Team Grün und Team Weiß. Binnen acht Tagen, so die

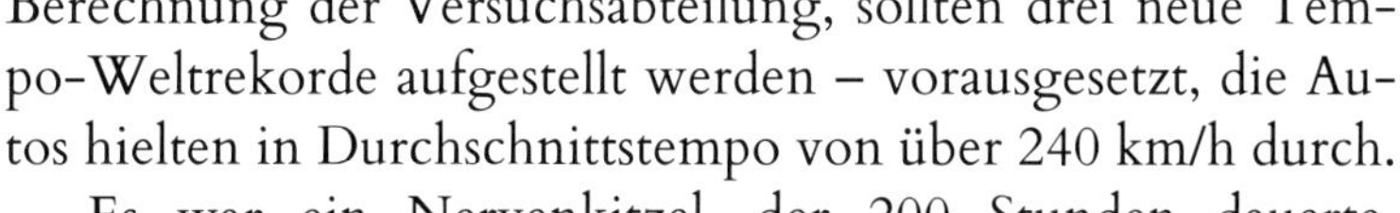

Berechnung der Versuchsabteilung, sollten drei neue Tempo-Weltrekorde aufgestellt werden – vorausgesetzt, die Autos hielten in Durchschnittstempo von über 240 km/h durch.

Es war ein Nervenkitzel, der 200 Stunden dauerte. Doch die Rechnung ging auf: Während Team Grün nach 49.196 Kilometern wegen eines gebrochenen Verteilerfingers ausscheiden musste, erreichten die beiden anderen Sechzehnventiler problemlos das Ziel: Mit Durchschnittsgeschwindigkeiten von bis zu 247,939 km/h brachen sie die Tempoweltrekorde über 25.000 Kilometer, 25.000 Meilen und 50.000 Kilometer. Außerdem stellten die Teams neun internationale Klassenrekorde auf.

Damit hatte der „Baby-Benz“ seine sportlichen Talente bewiesen und war auf dem besten Weg, sich auch im Motorsport als neuer Tempomacher zu etablieren. Dabei half auch sein erster Auftritt auf dem Nürburgring am 12. Mai 1984: 20 baugleiche Exemplare des 190 E 2.3-16 rollten an diesem Tag zur Startlinie, um das erste Rennen nach dem Umbau der Strecke zu bestreiten. Zu dieser Premiere hatte man die Champions der Motorsportszene eingeladen: Formel-1-Weltmeister wie Jack Brabham, Phil Hill, John Surtees, James Hunt, Dennis Hulme, Niki Lauda, Alain Jones und Keke Rosberg, um nur einige der prominenten Fahrer zu nennen, die in der Mercedes-Sportlimousine Platz nahmen.

Nur der Name auf dem Wagen mit der Startnummer 11 war den meisten Zuschauern des Rennens noch unbekannt: Senna. Der Brasilianer hatte es zum Meister der britischen Formel 3 gebracht und galt mit nur 24 Jahren als jüngster Fahrer beim Promi-Rennen auf dem neuen Nürburgring. Er war aber auch der schnellste: Ayrton Senna gewann vor

AUF DEM WEG ZUM TITEL

Beim Regenrennen in Monza kämpfte sich Mika Häkkinen im September 1998 mit dem MP 4-13 durch Gischt und Wasserpfützen. Zwei Monate später war der Finne Weltmeister.

ACHT GEWINNT

McLaren-Mercedes MP 4-13:
Mit dem Siegerwagen von 1998 beschleunigte Mercedes-Benz erstmals seit den 1950er-Jahren wieder an die Spitze der Formel 1.

Die „8" war seine Glückszahl: In der Formel-1-Saison des Jahres 1998 trug der Rennwagen des Finnen Mika Häkkinen die Startnummer 8 – und gewann. Nach einem spannenden Duell mit Ferrari-Pilot Michael Schumacher, dessen Ausgang bis zum letzten Rennen offen geblieben war, konnte sich Häkkinen schließlich am 1. November 1998 auf dem „International Racing Course" im japanischen Suzuka durchsetzen. Er wurde Weltmeister, und sein Team McLaren-Mercedes gewann auch den Konstrukteurstitel.

Heute steht Häkkinens Siegerwagen vom Typ MP 4-13 in den „Heiligen Hallen" und erinnert an eine spannende Epoche des Motorsports von Mercedes-Benz. Sie hatte Ende 1994 begonnen, als die Stuttgarter mit dem britischen Rennstall McLaren ein gemeinsames Formel-1-Team bildeten. Gut zwei Jahre später ging man mit dem MP 4-12 auf Erfolgskurs und gewann in der Saison 1997 drei Rennen. Es war das Jahr, in dem die Boliden wieder die traditionelle Rennfarbe von Mercedes-Benz trugen: Silber.

Die ausgefeilte Aerodynamik, der Einsatz des Hightech-Werkstoffs Carbon und der leistungsstarke V10-Motor der Silberpfeile zählten zu den wichtigsten Errungenschaften der erfolgreichen Zusammenarbeit zwischen McLaren und Mercedes-Benz auf den Gebieten Design und Technik. Der 573 kW/780 PS starke MP 4-13 bildete auch die Basis für den Nachfolger MP 4-14, mit dem Mika Häkkinen 1999 erneut Weltmeister wurde – diesmal mit der Startnummer 1.

SIEG MIT HYBRID

Mercedes-AMG Petronas F1 W09 EQ Power+ von 2018:
Der Rennwagen des Formel-1-Weltmeisters Lewis Hamilton ist der neueste Zugang in der Mercedes-Sammlung. Ein über 1.000 PS starker Silberpfeil mit zukunftsweisender Technik.

Es war ein ganz normaler Montag, doch für den Motorsport von Mercedes-Benz begann am 16. November 2009 eine neue Zeitrechnung. Es war der Tag, an dem man in Stuttgart bekannt gab, ab 2010 wieder mit einem werkseigenen Formel-1-Team an den Start zu gehen – erstmals seit den Erfolgen von Fangio und Moss in den 1950er-Jahren.

Zweieinhalb Jahre später war die neue Silberpfeil-Mannschaft auf Erfolgskurs: Im April 2012 erzielte Nico Rosberg beim Großen Preis von China den ersten Formel-1-Sieg eines werkseigenen Mercedes-Teams seit 1955 und legte damit den Grundstein für eine Siegesserie, die bis heute anhält: 2018 wurde Mercedes-AMG Petronas Motorsport, so der offizielle Name des Teams, zum fünften Mal in Folge Weltmeister – sowohl in der Fahrer- als auch in der Konstrukteurswertung.

Jeweils kurz nach Saisonende komplettieren die Silberpfeile der Neuzeit die Fahrzeugsammlung von Mercedes-Benz Classic und reihen sich in den „Heiligen Hallen“ neben die vielen anderen Rennwagen aus der 125-jährigen Motorsportgeschichte der Automarke ein. Der neueste Zugang dieser Art ist der Rennwagen, mit dem Lewis Hamilton in der Saison 2018 bei 21 Rennen elfmal als Erster über die Ziellinie fuhr.

Bereits der Name des Silberpfeils verrät, welche besondere Technik sich darin verbirgt: „EQ Power+“ ist die Zusatzbezeichnung, mit der Mercedes-Benz seit einiger Zeit seine Pkw-Modelle mit Plug-in-Hybridantrieb kennzeichnet. Folglich gaben auch die F1-Entwickler dem Antriebssystem ihres Rennwagens diesen Namen. Denn in dem Silberpfeil der Saison 2018 arbeitete ein 1,6 Liter großer V6-Verbrennungsmotor, der mittels Hochdruck-Direkteinspritzung und Turbokompressor 735 kW/1.000 PS entwickelte. Zusätzlich war ein 120 kW/160 PS starker Elektromotor an Bord.

Diese „Power Unit“ ermöglichte durch Rückgewinnung kinetischer und thermischer Energie – zum Beispiel beim Bremsen oder bei Vollgasfahrt – ein weiteres Leistungsplus. So kompensierte der E-Motor zum Beispiel das sogenannte Turboloch und sorgte dafür, dass die Aufladung auch bei langsamer Kurvenfahrt mit hoher Drehzahl arbeitete und deshalb beim Beschleunigen sofort wieder die volle Leistung zur Verfügung stellen konnte. Die Fachleute nennen diesen Effekt „E-Boost“. Energiegewinnung und -umwandlung standen unter der Regie eines Hochleistungsprozessors, der während eines Rennens rund 43 Billionen Rechenoperationen ausführte und dabei so präzise arbeitete, dass der Wirkungsgrad der Energieumwandlung bei 92 Prozent lag.

So war der F1 W09 EQ Power+ nicht nur einer der stärksten und schnellsten Rennwagen der Saison 2018, sondern auch einer der effizientesten. Dank des Hybridantriebs erfüllte er das im Rennreglement geforderte Verbrauchslimit von 100 Kilogramm pro Stunde problemlos. Zum Vergleich: Vor rund zehn Jahren war der Kraftstoffverbrauch der Formel-1-Motoren noch doppelt so hoch.

MEHR POWER DURCH E-BOOST

Mit dem F1 W 09 EQ Power+ wurde Lewis Hamilton 2018 erneut Formel-1-Weltmeister. Der innovative Rennwagen mit Hybridantrieb ergänzt seit Anfang 2019 die Silberpfeil-Kollektion in der Fahrzeugsammlung von Mercedes-Benz.

300 SL

ROLLENDE RESERVE

300 SL, Ponton, Adenauer-Mercedes, Heckflosse, Strich-Acht, 600er – das sind Namen und Begriffe, die nicht nur Autoliebhaber kennen. Diese und hunderte anderer Mercedes-Personenwagen der Neuzeit werden in den „Heiligen Hallen" gehegt und gepflegt, um sie für nachfolgende Generationen zu erhalten – Autos, die Geschichten erzählen.

S OX 12 H
S OK 93 H

EINE WELT FÜR SICH

In dieser „Heiligen Halle“ treffen Staatslimousinen auf Sportwagen, Ponton-Modelle auf Pagoden und Heckflossen auf Flügeltürer – Sternstunden bis zum Horizont.

JAHRHUNDERT-EREIGNIS

Nur 1.400 Flügeltürer und 1.858 Roadster des Typs 300 SL wurden hergestellt. Zur Kollektion in den „Heiligen Hallen" gehören gleich mehrere Exemplare des „Jahrhundert-Sportwagens". Sie zeigen sich regelmäßig bei Veranstaltungen.

„SCHÖNHEIT VON DAUER“

Mit diesem Slogan warb man in den 1950er-Jahren für die neuen Ponton-Modelle mit selbsttragender Karosserie. Das Design überzeugte auch viele Prominente: Maria Callas, Anita Ekberg, Wernher von Braun, Rocky Marciano, Heinz Rühmann oder Dietmar Schönherr fuhren einen Ponton-Mercedes.

SAFETY FIRST

Ein besonderes Stück aus der Mercedes-Technikgeschichte: Der W 111/W 112 war ab 1959 das weltweit erste Serienauto mit Knautschzonen an Front- und Heckpartie. Hier parkt ein 300 SE neben einer anderen Ikone aus Stuttgart: dem Flügeltürer aus den 1950er-Jahren.

S MB 95 H

GOLDSTÜCK

Das Cabriolet der Modellreihe 111/112 erschien 1961, war aber schon Monate vor seiner Marktpremiere ausverkauft. Auch heute ist der Viersitzer noch heiß begehrt: Ein rund 7.000-mal produzierter Klassiker, dessen Wert seit Jahren stetig steigt.

S OX 53 H

HEILIGER STUHL

Der Thronsessel im Fond ist eines der speziellen Extras in den Papstwagen, die Mercedes-Benz seit 1930 an den Vatikan geliefert hat. Den 600er erhielt Papst Paul VI. im Herbst 1965 als Pullman-Landaulet mit breiteren Türen und höherem Dach.

1

2

PROMINENTEN-TREFF

Ihre prominenten Vorbesitzer machen diese Autos zu interessanten Zeitzeugen: Den mit allerlei Extras ausgestatteten 300 GD (1) fuhr Bayerns Ministerpräsident Franz-Josef Strauß privat von 1982 bis 1988. Der silberne S 600 (2) gehörte einst Hollywoodstar Arnold Schwarzenegger, während sich Ex-Beatle Ringo Starr für einen 190 E (3) entschieden hatte und ihn 1984 zum AMG-Modell mit 2,3-Liter-Motor umrüsten ließ.

3

DIENSTWAGEN

Auch Helmut Kohl bevorzugte die Limousinen mit dem Stern. Der S 600 (1) der Modellreihe 140 und der 500 SEL (2) stammen aus dem Dienstwagen-Fuhrpark des langjährigen Bundeskanzlers. Sie waren ebenso gepanzert wie der 560 SEL (3) von UN-Generalsekretär Kofi Annan. Sein Dienstwagen steht seit 2005 in den „Heiligen Hallen“.

1

2

3

500 SEL Guard

KLASSIKER VON MORGEN

Der SL der Modellreihe 129 wurde zwölf Jahre lang produziert. Zur Sammlung in den „Heiligen Hallen" gehört dieses Exemplar aus der letzten Serie, die im Juli 2001 endete.

A
A 15
A 11
A 07
B
S PQ

BUNTMETALL

Im Jahre 2015 erschien die G-Klasse in „Crazy Colors“ (oben). Die AMG-Sondermodelle waren so außergewöhnlich, dass sie einen Platz in den „Heiligen Hallen“ bekamen, wo man auch den SLK von 1996 in der Lackierung „Yellowstone“ und andere farbige Typen aufbewahrt.

FORM UND FARBE

Die Lackierungen machen auch diese Autos zu Sammlerstücken: Der CLS (unten) war ein Showcar mit dem neuen „Alubeam“-Lack, den Mercedes-Benz 2004 erstmals vorstellte. Beim SLS AMG ging „Alubeam Silber“ 2009 in Serie. Nicht minder effektvoll erschien der Flügeltürer im neuen, seidigen Mattlook (großes Foto).

DAS BÜRGERMEISTERSTÜCK

Mercedes-Benz 170 S Cabriolet B von 1950:
Dieses Cabriolet war der Dienstwagen von Ernst Reuter, dem ersten Regierenden Bürgermeister Berlins.

Die Welt hielt den Atem an, als sowjetische Soldaten am 24. Juni 1948 begannen, die Straßen-, Schienen- und Wasserwege zwischen Westdeutschland und Westberlin abzusperren. Ziel war es, die Versorgung der Stadt zu blockieren und die Westmächte zu zwingen, Berlin vollständig in den Machtbereich der Kommunisten einzugliedern. Der Plan scheiterte: Am 26. Juni 1948 starteten die ersten Flugzeuge einer von Großbritannien und Amerika organisierten Luftbrücke und brachten Lebensmittel, Kohle und andere Güter in die Millionenstadt.

Die Krise eskalierte allerdings nochmals Anfang September 1948, als die Verhandlungen zwischen den Westalliierten und der sowjetischen Militärverwaltung abgebrochen wurden, und man Stadtverordnete nichtkommunistischer Parteien gewaltsam daran hinderte, das Berliner Stadthaus zu betreten. Daraufhin versammelten sich am 9. September 1948 über 300.000 Westberliner vor dem Reichstagsgebäude, um ihre Sorge über die Zukunft ihrer Stadt zum Ausdruck zu bringen. Hauptredner dieser Demonstration war ein SPD-Politiker, der zwar ein Jahr zuvor zum Oberbürgermeister Berlins gewählt worden war, doch dieses Amt aufgrund eines Vetos der sowjetischen Kommandantur nicht ausüben durfte: Ernst Reuter.

Selbstbewusst schritt der damals 59-jährige ans Mikrofon und hielt eine unvergessene Rede, mit der er den Freiheitswillen der Berliner auf den Punkt brachte: „Heute ist der Tag, an dem nicht Diplomaten und Generale reden und verhandeln. Heute ist der Tag, wo das Volk von Berlin seine Stimme erhebt“, rief Reuter seinen Mitbürgern zu und appellierte gleichzeitig an die ganze Welt: „Ihr Völker der Welt, ihr Völker in Amerika, in England, in Frankreich, in Italien! Schaut auf diese Stadt und erkennt, dass ihr diese Stadt und dieses Volk nicht preisgeben dürft und nicht preisgeben könnt!“

Mit dieser ebenso energischen wie emotionalen Ansprache wurde Ernst Reuter zur Symbolfigur im Kampf für Freiheit und Demokratie. Er überzeugte die Westmächte, die Luftbrücke bestehen zu lassen und den Status seiner Stadt als Teil eines neuen westdeutschen Staates anzuerkennen. Im Dezember 1948 wurde Reuter endgültig zum Oberbürgermeister gewählt – allerdings nur für die westlichen Sektoren, die noch bis Mai 1949 aus der Luft versorgt werden mussten.

In den „Heiligen Hallen“ bewahrt Mercedes-Benz Classic den Dienstwagen des charismatischen Berliner Oberbürgermeisters auf. Es ist ein Mercedes-Benz 170 S in der Version als viersitziges Cabriolet B. Das Auto wurde am 3. August 1950 von der Stadtverwaltung Berlins neu zugelassen. Reuter übernahm den Mercedes-Benz Ende Mai 1951 als Dienstwagen und nutzte ihn bis zu seinem Tod am 29. September 1953. Danach blieb das Cabriolet noch einige Zeit im Besitz der Stadt, bis es Hanna Reuter, die Witwe des ersten Regierenden Bürgermeisters, Ende der 1950er-Jahre erwarb. Ein weiterer Eintrag in der „Lebensakte“ des 170 S stammt vom 16. Juni 1964: Seit diesem Tag gehört Ernst Reuters Dienstwagen zur Fahrzeugsammlung von Mercedes-Benz.

Als erste Modellreihe der Nachkriegsproduktion hat der W 136, zu dem auch Reuters Cabriolet gehörte, für Mercedes-Benz ohnehin eine besondere historische Bedeutung. Er war zwar keine Neuentwicklung, sondern glich dem bereits zwischen 1936 und 1942 hergestellten Modell, doch was mehr zählte als technische Innovationen war seine Rolle als

Auf Dienstfahrt: Bürgermeister Ernst Reuter im Juli 1951 am Steuer seines Dienst-Cabrios. Privat fuhr er einen VW Käfer.

Am Wahrzeichen: Das Foto aus dem Jahre 1960 zeigt Reuters Dienstwagen rund ein Jahr vor dem Mauerbau.

HEILIGES BLECH

Mercedes-Benz 300 Landaulet:
Mit dem 300er zeigte Mercedes-Benz ab 1951 wieder Größe. Könige und Kanzler, Präsidenten und Premierminister waren damit unterwegs – und der Papst.

König Gustav Adolf von Schweden bevorzugte dieses Auto. Ebenso der Schah von Persien, Bundespräsident Theodor Heuss und Hollywoodstars wie Gary Cooper, Erol Flynn oder Ava Gardner. Die bekanntesten Persönlichkeiten, die sich in den 1950er- und 1960er-Jahren für einen Mercedes-Benz 300 entschieden, waren aber zweifellos Bundeskanzler Konrad Adenauer, der das Auto auch als „Adenauer-Mercedes" berühmt machte, und Papst Johannes XXIII.

Das Oberhaupt der katholischen Kirche erhielt seinen 300er am 17. Dezember 1960 im Rahmen einer Feierstunde in den Remisen des päpstlichen Fuhrparks, bei der er das neue Auto segnete. Es war ein Exemplar der überarbeiteten Modellreihe W 189 aus dem Jahre 1957. Sein Sechszylindertriebwerk leistete 118 kW/160 PS und war mit einer Dreigang-Automatik gekoppelt. Das „Papamobil" unterschied sich jedoch nicht nur durch den 45 Zentimeter längeren Radstand und das höhere Dach, sondern vor allem durch sein Landaulet-Verdeck vom Serienmodell. Spezialisten des Werks Sindelfingen hatten die 5,60 Meter lange Repräsentationslimousine auf Wunsch des Vatikans hergestellt. Heute wird das Einzelstück mit dem päpstlichen Kennzeichen SCV 1 für „Stato della Città del Vaticano 1" in den „Heiligen Hallen" aufbewahrt.

Dieser besondere 300er war das zweite „Papamobil" mit dem Stern auf der Motorhaube. Die erste Limousine hatte Mercedes-Benz im Juli 1930 an Papst Pius XI. geliefert; es war ebenfalls eine exklusive Einzelanfertigung auf Basis des Nürburg 460 mit der Pullman-Karosserie des Typs 770, der auch als „Großer Mercedes" bekannt wurde. Diese Auto-Rarität ist im „Paglione delle Carozze" zu sehen, der zum historischen Museum des Vatikans gehört.

Johannes XXIII. war allerdings kein reiselustiger Papst. Er nutzte den Mercedes-Benz ab Ende 1960 hauptsächlich bei seinen öffentlichen Auftritten in Rom oder für die Fahrten zur Sommerresidenz Castel Gandolfo in den Albaner Bergen.

Auf diesen kurzen Reisen nahm der Pontifex Maximus im Fond auf einem breiten Thronsessel Platz, von dem er unter anderem Klimaanlage, Autoradio und die Sprechfunkverbindung zum abgetrennten Fahrerabteil bedienen konnte. Sobald sich die hinteren Türen des „Papamobils" öffneten, fuhren automatisch Trittbretter aus dem Wagenboden, um dem Papst das Ein- und Aussteigen zu erleichtern.

Feierstunde im Vatikan: Am 17. Dezember 1960 übernahm Papst Johannes XXIII. den Mercedes-Benz 300 und segnete das neue „Papamobil".

SCV 1

Sternfahrt: Mercedes-Benz gehört zu den beliebtesten Automarken des Vatikanstaats. Bis heute trugen elf Papstwagen den Stern auf der Motorhaube. Der 300er war das zweite „Papamobil".

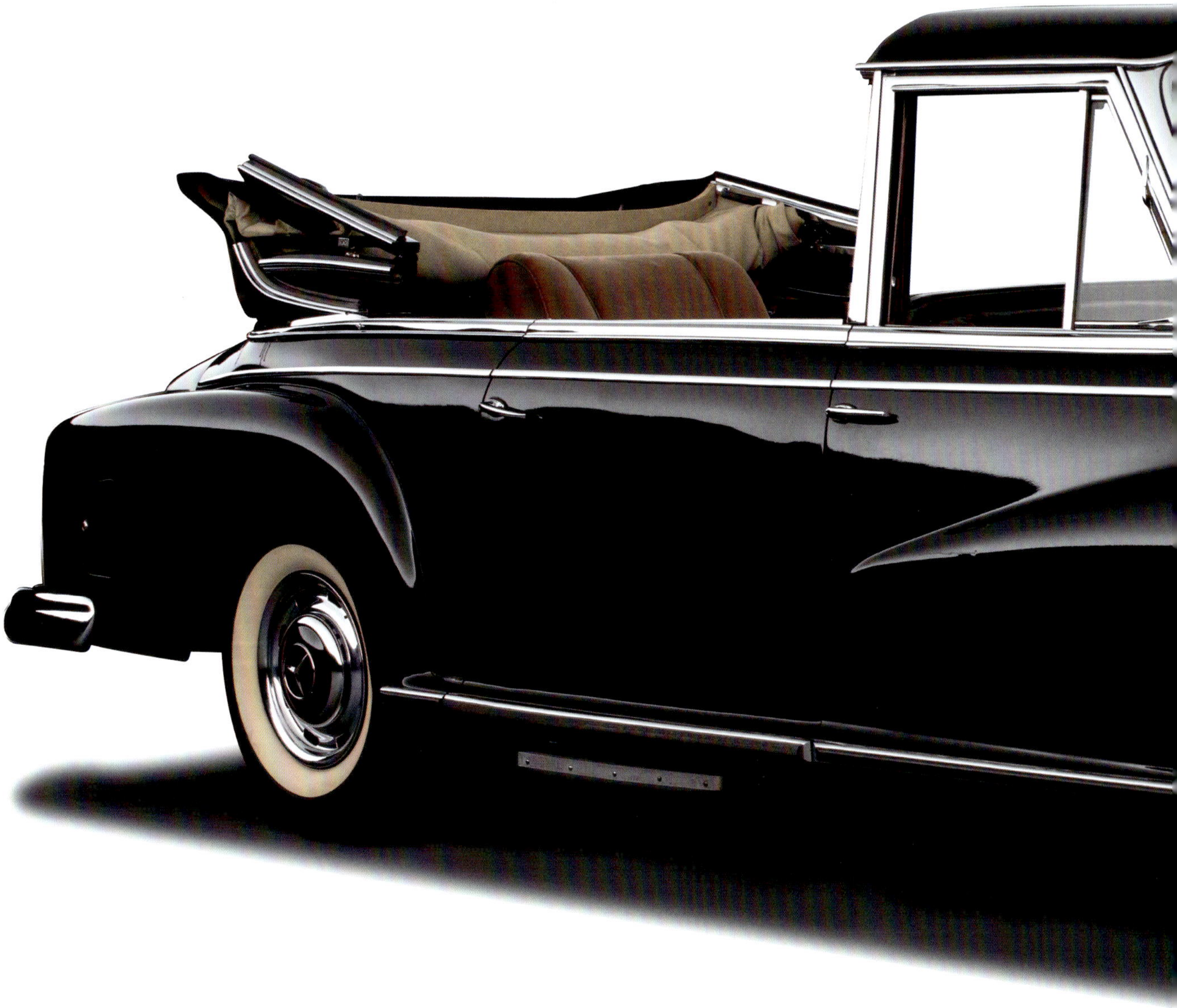

PÄPSTLICHE OFFENHEIT

Der Papstwagen entstand 1960 nach Wünschen des Vatikans. Dazu gehörten nicht nur der Thronsessel im Fond, sondern auch das manuell bedienbare Landaulet-Verdeck. Die hinteren Seitenscheiben ließen sich herausnehmen und im Kofferraum verstauen.

Staatsdiener: Die Serienlimousine des Mercedes-Benz 300 (W 186/W 189), der berühmte „Adenauer-Mercedes“, wurde von 1951 bis 1962 insgesamt rund 10.700-mal produziert.

STAATLICHE GRÖSSE

Mercedes-Benz 600 Pullman-Landaulet:
In der offenen Limousine ließ die junge Bundesrepublik Deutschland ihre Staatsgäste chauffieren. Zwischen 1965 und 1981 wurden nur 59 Landaulets hergestellt.

Deutschland hatte sich fein gemacht. Flaggen wehten an den Straßen, rote Teppiche wurden ausgerollt, Soldaten standen Spalier. 18. Mai 1965: Ein hoher Gast wurde erwartet. Zum ersten Mal besuchte Elisabeth II., Königin des Vereinigten Königreichs und Oberhaupt des britischen Commonwealth, die Bundesrepublik.

Ein Jahr lang hatte man sich auf dieses staatstragende Ereignis vorbereitet. Auch bei der Daimler-Benz AG in Stuttgart, die seinerzeit traditionell die Limousinen für Staatsbesuche bereitstellte. Zwar hatte Mercedes-Benz mit dem Typ 600 schon seit knapp zwei Jahren eine neue 5,54 Meter lange Repräsentationslimousine im Programm, doch selbst die noch stattlichere Pullman-Version mit 70 Zentimeter längerem Radstand und dritter Sitzreihe genügte diesmal nicht. Der Queen wollte man etwas ganz Besonderes bieten – und sie bekam es.

Ingenieure und Techniker des Autoherstellers verwandelten den Typ 600 in ein Pullman-Landaulet – in ein Repräsentationsfahrzeug mit Cabrioverdeck im Fond. Das offene Dach sollte es der Monarchin ermöglichen, bei schönem Wetter stehend durch die Straßen zu fahren und den Menschen zuzuwinken. Und die kamen zu Hunderttausenden, winkten mit bunten Papierfähnchen zurück und bejubelten die 39-jährige Majestät.

Nach ihrer Ankunft auf dem Flughafen Köln-Bonn, wo Bundespräsident Heinrich Lübke und Bundeskanzler Ludwig Erhard den hohen Gast mit einer Ehrengarde der Bundeswehr und 21 Salutschüssen empfingen, besuchte die Queen insgesamt 18 Städte in acht Bundesländern. Der schwarze Mercedes-Benz begleitete sie fast an jeden Ort.

Es war ein „Jahrhundertbesuch" – und zweifellos auch einer der Höhepunkte in der 17-jährigen Modellgeschichte des Mercedes-Benz 600. Spätestens seit dem Queen-Event im Mai 1965 gehörte der Luxuswagen ebenso zum politischen Leben der „Bonner Republik" wie Palais Schaumburg, Villa Hammerschmidt oder „Langer Eugen". Regelmäßig sah man das Auto in den TV-Nachrichten, wenn aus der damaligen Hauptstadt über Staatsempfänge, Dienstreisen ranghoher Würdenträger oder andere wichtige Ereignisse berichtet wurde. Dabei besaß die Bundesregierung nie ein eigenes Exemplar des Repräsentationswagens, sondern lieh sie beim Fuhrpark von Daimler-Benz, der stets auch speziell ausgebildete Fahrer mitschickte. Auch andere Regierungen nutzten diesen exklusiven Mietwagenservice.

Die Entwicklung des Luxusautos, das den Typ 300 ablösen und als „Großer Mercedes" eine lange Modelltradition fortsetzen sollte, hatte 1955 unter dem Arbeitstitel „Baugruppe C" begonnen und dauerte rund acht Jahre. Zwölf unterschiedliche Prototypen wurden getestet, bis der Luxuswagen im Herbst 1963 auf der Automobil-Ausstellung in Frankfurt/Main Premiere feiern konnte. Zeit und Aufwand waren notwendig, denn mit diesem Auto hatte sich Mercedes-Benz zum Ziel gesetzt, die Grenzen des technisch Machbaren auszuloten und höchsten Ansprüchen an Komfort und Fahrleistung gerecht zu werden. Dementsprechend unbescheiden waren denn auch die Beschreibungen im Verkaufsprospekt: „Der Mercedes-Benz 600 symbolisiert die Zukunft – eine Zukunft, die heute erreichbar ist. Mit seinen automatischen, elektronischen und hydraulischen Funktionen ist er Jahrzehnte voraus. Doch er ist hier – jetzt."

600
S KE 69 H

Hoher Besuch: Die britische Königin war im Mai 1965 der erste Staatsgast, der im neuen Mercedes-Landaulet durch Deutschland reiste. Die Fotos zeigen die Queen in Stuttgart (links) und an der Berliner Mauer (rechts).

Neben vielen anderen technischen Finessen sorgte vor allem die „Komforthydraulik" für Staunen. Erstmals hatte Mercedes-Benz ein System entwickelt, das nicht nur Sitze, Fensterheber und Schiebedach in die gewünschten Positionen brachte, sondern auch Türen und Kofferraumdeckel schloss, die Trennwand im Innenraum betätigte und die Feststellbremse entriegelte. Das alles geschah dank eines Hydraulikdrucks von 150 bar nahezu geräuschlos.

Der Motor war eine weitere Sternstunde: Das erste V8-Einspritztriebwerk aus dem Hause Mercedes-Benz leistete 184 kW/250 PS und ermöglichte sportwagenähnliche Fahrleistungen. Die 2,6 Tonnen schwere Staatskarosse glitt mit 205 km/h über die Autobahnen.

Auch wenn es um Individualität und Exklusivität ging, war der Typ 600 unübertroffen. Jede Limousine entstand in der Manufakturabteilung des Werks Sindelfingen nach den persönlichen Wünschen seines Käufers. Die Spitze an Exklusivität bot allerdings das Landaulet, dessen Herstellung rund 100 Tage Handarbeit erforderte.

Unter den 2.677 Exemplaren des „Großen Mercedes", die bis zum Produktionsende am 10. Juni 1981 hergestellt wurden, waren nur 59 Landaulets. Zur Mercedes-Sammlung gehören zwei dieser ganz besonderen Repräsentationswagen. Eines stand von 1965 bis 1985 im Dienst des Papstes (siehe auch Seite 150), das zweite Fahrzeug stammt aus dem Jahre 1978 und ergänzte die exklusive Wagenflotte, die Mercedes-Benz für staatstragende Ereignisse bereithielt.

IM DIENSTE IHRER MAJESTÄTEN

Zuletzt war das Landaulet aus der Mercedes-Fahrzeugsammlung im Dezember 1999 bei der Hochzeit des belgischen Königspaars und im Sommer 2013 bei den Feierlichkeiten zur Krönung des belgischen Königs Philippe im offiziellen Einsatz.

KLARE LINIE

Mercedes-Benz 220 SE Coupé von 1961:
Der Zweitürer zählt zu den schönsten Autos aller Zeiten. Es beeindruckte auch Hermann-Josef Abs, den langjährigen Aufsichtsratsvorsitzenden von Daimler-Benz.

Das Frühjahr 1961 war eine ereignisreiche Zeit: Der Russe Juri Gagarin flog als erster Mensch durchs All, John F. Kennedy wurde Präsident der Vereinigten Staaten, US-Forscher erreichten erstmals den Südpol, Walter Bruch entwickelte das PAL-Farbfernsehen und bei Mercedes-Benz feierte man anlässlich des Jubiläums „75 Jahre Motorisierung des Verkehrs" die Eröffnung des neuen Werksmuseums. Gleichzeitig blickte die Automarke auch nach vorn und präsentierte das Coupé der Modellreihe 111, die eineinhalb Jahre zuvor mit den berühmten Heckflossen-Limousinen gestartet war.

Doch deren ebenso eigenwilliges wie umstrittenes Designmerkmal war zu diesem Zeitpunkt schon längst wieder Geschichte: Beim Coupé suchte man die spitzen Enden der hinteren Kotflügel – offiziell „Peilstege" genannt – vergebens. Statt dessen präsentierte Karl Wilfert, damaliger Chef der Karosserieentwicklung, ein Auto von beeindruckender Ästhetik. „Ein Coupé im neuen Mercedes-Stil", notierte die „Automobil Revue" und das Fachmagazin „Das Auto, Motor und Sport" schrieb: „Uns ist bisher kein Wagen bekannt, der in gleicher Weise alle Forderungen erfüllt, die an ein modernes Automobil zu stellen sind." Tatsächlich: Mit seiner eleganten, schlanken Karosserie, der niedrigen Motorhaube, dem langen Heck, der gestreckten Dachpartie, die ohne die üblichen mittleren Dachsäulen auskam, und der neuartigen Panorama-Heckscheibe war das 220 SE Coupé ein stilistischer Volltreffer, dessen Wirkung bis heute anhält. „Dieses Auto ist pures Design", lobte der frühere Mercedes-Chefdesigner Bruno Sacco den Zweitürer noch viele Jahre später und nannte ihn „unsterblich."

Bei der Präsentation am 24. Februar 1961 war die Produktion bereits angelaufen und die ersten Exemplare des neuen Zweitürers rollten zu den Händlern und Niederlassungen der Automarke. Unter den ersten Besitzern des Coupés war ein Mann, der schon seit Mitte der 1950er-Jahre die Geschicke der Daimler-Benz AG lenkte: der Bankier Hermann-Josef Abs. Aus seinem Besitz stammt das schöne, zweifarbige Coupé, das heute zu den besonderen Schmuckstücken in den „Heiligen Hallen" von Mercedes-Benz Classic gehört.

Abs war zunächst Vorstandsmitglied und ab 1957 Vorstandssprecher der Deutschen Bank. Weil das Frankfurter Bankhaus seinerzeit die Mehrheit der Daimler-Benz Aktien besaß, übernahm Abs bei dem Autohersteller den Vorsitz des

Im Dienste des Sterns: Hermann-Josef Abs (links) und Joachim Zahn, der 1965 Vorstandssprecher und 1971 Vorstandschef von Daimler-Benz wurde.

Aufsichtsrats und übte diese Tätigkeit 15 Jahre lang – von Juli 1955 bis August 1970 – aus. Danach blieb er dem Autohersteller als Ehrenvorsitzender des Aufsichtsrats verbunden.

Es war eine erfolgreiche Zeit: Zwischen 1955 und 1970 vervierfachte sich die Jahresproduktion von Daimler-Benz auf rund 280.400 Personenwagen, der Umsatz stieg von 1,44 auf über 10,5 Milliarden Mark und die Zahl der Beschäftigten vergrößerte sich von 48.500 auf 138.900. Es war aber auch eine turbulente Zeit: Hermann-Josef Abs, dem Bundeskanzler Adenauer auch den Posten als Außenminister angeboten haben soll, lenkte das Automobilunternehmen mit unternehmerischem Geschick und diplomatischem Gespür durch die zweite Hälfte der 1950er-Jahre, als mit Friedrich Flick und Herbert Quandt zwei weitere Großaktionäre Einfluss auf Daimler-Benz nehmen wollten. Nicht minder bedeutsam waren strategische Beschlüsse von Aufsichtsrat und Vorstand in den 1960er-Jahren, als Daimler-Benz weiter expandierte, große Summen in neue Werke und Zukäufe investierte und sich in der neu geschaffenen Europäischen Wirtschaftsgemeinschaft (EWG) behaupten musste. Zugleich war Abs als Chef des Aufsichtsrats auch an wichtigen modellpolitischen Entscheidungen der 1960er-Jahre beteiligt.

Dass er von den vielen Mercedes-Modellen, die während seiner Tätigkeit für das Automobilunternehmen in Produktion gingen, das 220 SE Coupé als Privatwagen auswählte, spricht für den guten Geschmack des Bankiers: Für Kenner zählt der Zweitürer noch heute zu den schönsten Autos, die Mercedes-Benz jemals produziert hat. Wie gesagt: Ein „unsterblicher“ Typ.

ZEITLOS SCHÖN

Blaugrün mit schwarzem Dach – so bestellte Hermann-Josef Abs Anfang der 1960er-Jahre den 220 SE mit dem 88 kW/120 PS starken Sechszylindermotor. Seit 1995 gehört das elegante Coupé des Bankiers zur Fahrzeugsammlung von Mercedes-Benz Classic.

DER LETZTE SEINER ART

Mercedes-Benz 500 SL von 1989:
Mit dem roten Sportwagen endete im August 1989 eine 18-jährige Modellgeschichte.

Wiedersehen in den „Heiligen Hallen“: Als Anfang August 1989 der letzte R 107 das Werk verließ (ganz links), managte Jürgen Wittmann die Übergabe des Roadsters an die Fahrzeugsammlung. 19 Jahre später wurde er selbst Chef der „Heiligen Hallen“.

Fototermin in der Endmontagehalle des Mercedes-Benz Werks in Sindelfingen. Die Produktion stand still, es gab einen guten und wichtigen Grund, um ein paar Minuten innezuhalten. 4. August 1989: Der letzte SL der Modellreihe 107 fuhr vom Montageband und wurde mit einem Blumenschmuck auf der Motorhaube feierlich verabschiedet. Es war ein Tag, an dem nicht nur manchem Mercedes-Mitarbeiter Tränen in den Augen standen. 18 Jahre lang hatte dieser Roadster die Sportwagenfans fasziniert und war zum Sinnbild für Mercedes-typische Qualität und Solidität geworden. Keine andere Pkw-Modellreihe von Mercedes-Benz wurde so lange produziert wie der R 107, und kein anderer SL hat jemals eine so große Stückzahl erreicht: 237.287 Exemplare wurden zwischen Frühjahr 1971 und August 1989 hergestellt.

Kein Wunder also, dass das letzte Exemplar dieses Langzeit-Sportwagens besondere Aufmerksamkeit erfuhr: Es war ein roter 500 SL mit hellbeiger Innenausstattung, Klimaanlage, Airbag und Cassetten-Autoradio. Doch anders als die meisten der 237.286 Exemplare vor ihm, wartete auf diesen Roadster kein Kunde in Deutschland oder in den USA. Dieses Auto blieb im Werksbesitz: Es wurde fabrikneu in die „Heiligen Hallen“ transportiert, wo der SL bis heute gehegt und gepflegt wird.

„Bandabläufer“ nennt man werksintern jene Autos, die wie der rote R 107 als jeweils letztes Exemplar einer Pkw-Modellreihe vom Band fahren. Im Jahre 1980 hat man sich zum Ziel gesetzt, diese „Bandabläufer“ zu übernehmen und in die „Heiligen Hallen“ zu bringen. Das erklärt, warum die dortige Sammlung kontinuierlich wächst. Und das erklärt auch eine wesentliche Aufgabe der Stuttgarter Auto-Archivare: Sie wollen nicht nur Geschichte bewahren, sondern auch an die Zukunft denken und die Modelle der Gegenwart für nachfolgende Generationen sammeln. Denn wer weiß, ob man in ferner Zukunft nicht genauso andächtig vor einem Mercedes-Benz anno 2019 stehen wird wie wir heute so manches Modell aus den 1920er-Jahren bewundern?

Und wahrscheinlich werden auf diese Weise manche Zeitgenossen über ein ebenso interessantes Déjà-vu-Erlebnis erzählen können wie Jürgen Wittmann: Er war im August 1989 Sprecher des Werks Sindelfingen und kümmerte sich um die Übergabe des 500 SL an die Fahrzeugsammlung. 2008 wurde Wittmann Leiter der Mercedes-Benz Classic Archive und der Fahrzeugsammlung – und damit auch wieder „Besitzer“ des letzten R 107. Man sieht: Geschichte wiederholt sich.

„DIE TRAGENDE SÄULE“

Mercedes-Benz 230 E:
Die Modellreihe 123 gilt als Inbegriff für Solidität, Zuverlässigkeit und Langlebigkeit. Und für Erfolg: Die Limousine ist bis heute der meistverkaufte Mercedes-Benz.

Als Steven Spielbergs „Weißer Hai“ die Kinos füllte und die „Concorde“ zum ersten Mal Passagiere mit Überschalltempo von Paris nach Rio de Janeiro brachte, präsentierte Mercedes-Benz die Modellreihe W 123: Es war Januar 1976. „Ich freue mich, Ihnen heute eine neue Modellreihe vorstellen zu können, die für die nächsten Jahre die tragende Säule unseres Personenwagen-Angebots sein wird“, begann Entwicklungsvorstand Dr. Hans Scherenberg seine Rede bei der Pressepräsentation der Limousine und lag mit dieser Einschätzung goldrichtig. Der W 123 war ein Erfolgsmodell wie es die Autobranche nur selten erlebt. Schon kurze Zeit nach der Vorstellung war die erste Jahresproduktion ausverkauft, und die Niederlassungen und Händler von Mercedes-Benz führten Wartelisten mit den Namen von Kunden, die dieses Modell unbedingt besitzen wollten. Junge Gebrauchtwagen oder Jahreswagen wurden zur Kapitalanlage, denn sie erzielten im ersten Jahr der W 123-Produktion oft ihren Neupreis.

Wegen der starken Nachfrage und der dadurch bedingten langen Lieferzeiten entschloss sich Mercedes-Benz zu einer ungewöhnlichen Maßnahme und setzte die Produktion des Vorgängers „Strich-Acht“ noch ein Jahr lang parallel zum neuen W 123 fort. „Wenn wir diese Typen weiterhin im Programm halten, so ist das Ausdruck einer unveränderten Beliebtheit dieser Fahrzeuge in aller Welt“, begründete Vertriebsvorstand Heinz Schmidt das doppelte Modellangebot in der oberen Mittelklasse, betonte aber zugleich die Vorzüge der neuen Limousine. Das Warten werde sich lohnen, versprach er den Kunden, denn mit diesem Modell habe man versucht, „die technische Perfektion bis an die Grenze des Machbaren heranzubringen.“

Stilistisch orientierte sich der W 123 stark am Erscheinungsbild der damaligen S-Klasse. Ausdruck davon waren zum Beispiel die quer angeordneten Scheinwerfer statt der bis dahin üblichen, klassischen Hochkantleuchten. „Von revolutionären Sprüngen in der Stilistik halten wir ebenso wenig wie von modischen Gags“, begründete Vorstandmitglied Dr. Hans Scherenberg das Designkonzept und betonte: „Die stilistische Kontinuität ist ein wesentliches Merkmal der Produkte unseres Hauses.“

Im Lauf der Jahre überzeugte der W 123 aber vor allem durch den hohen Standard der Verarbeitung und durch alltagsgerechte Funktionalität. Bis heute verbinden Autofahrer Begriffe wie Solidität, Zuverlässigkeit und Langlebigkeit mit diesem Modell, das damit quasi zu einem Wahrzeichen für die klassischen Tugenden der Marke Mercedes-Benz wurde.

Zudem gibt es noch einen anderen wichtigen Grund, warum dieses Auto einen festen Platz in den Heiligen Hallen hat: Die W 123 Limousinen sind die bis heute erfolgreichsten Modelle von Mercedes-Benz. Zwischen 1976 und 1985 wurden insgesamt 2.375.440 Exemplare hergestellt.

D
S OC 14H
Mercedes-Benz Classic

HOHE KANTE

Mercedes-Benz 190 E 1.8 „Avantgarde Rosso“ von 1992: Jahrzehntelang hatte Mercedes-Benz gezaudert, ein kleineres Modell auf den Markt zu bringen. Erst 1977 fiel die Entscheidung zum Bau einer kompakten Modellreihe.

Der Mercedes-Benz 190/190 E kam im Frühjahr 1983 auf den Markt, doch seine Geschichte hatte eigentlich schon 30 Jahre früher begonnen: am 2. Februar 1953. Damals bekam Technikchef Fritz Nallinger laut Vorstandsprotokoll den Auftrag, einen neuen „Grenztyp“ zu entwickeln – eine kleine Limousine, die das Modellprogramm nach unten abgrenzen sollte. Projektname W 122: Gut zwei Jahre später standen die ersten Designmodelle auf den Rädern, doch inzwischen hatte man die neue Modellreihe wegen der dafür erforderlichen Investitionen infrage gestellt. Als Daimler-Benz dann Anfang 1958 die Auto-Union übernahm, sah man für dieses Modell überhaupt keine Notwendigkeit mehr, und der „Grenztyp“ verschwand wieder von der Tagesordnung.

Das änderte sich erst 1974. Der Grund hieß „Clean Air Act“, ein US-Gesetz zur Luftreinhaltung, das auch den Kraftstoffverbrauch der in den USA verkauften Autos limitierte: pro Hersteller auf durchschnittlich 8,5 Liter je 100 Kilometer. Andernfalls drohten Strafzahlungen. Jetzt war klar: Mercedes-Benz brauchte ein kleineres, sparsameres Modell, um den Flottenverbrauch zu senken. Entwicklungschef Hans Scherenberg übernahm die Initiative. Im Februar 1974 unterzeichnete er ein sogenanntes Lastenheft, das den neuen Typ (Projektname W 201) beschrieb. „Klar ist hierbei jedoch, dass es sich um einen typischen Mercedes-Benz handeln muss. Wir können also an der Fahrkultur, der Sicherheit und entsprechenden Eigenschaften nicht zu viele Abstriche machen“, stellte Scherenberg klar. Mit anderen Worten: Keine Kompromisse – und das alles bei einem Auto, das 30 Zentimeter kürzer und gut 280 Kilogramm leichter werden sollte als die Limousinen der damaligen Mittelklasse.

Doch hatte ein solches Mercedes-Modell – intern sprach man von der „Kompaktklasse“ – überhaupt Marktchancen? Darüber wurde in Stuttgart heftig diskutiert. „Der Typ 190 war intern keineswegs unumstritten Es gab Stimmen, die wollten dieses Auto nur in den USA anbieten. Ich war damals immer davon überzeugt, dass wir 200.000 Autos pro Jahr verkaufen können und dass wir dadurch den Absatz unserer mittleren Modellreihe nicht beeinträchtigen würden“, erinnerte sich Werner Breitschwerdt in einem späteren Interview. Er wurde 1978 Nachfolger Scherenbergs als Mercedes-Entwicklungschef. Und Bruno Sacco, der damalige Mercedes-Chefdesig-

Formsache: Mit diesem Designmodell begann im Herbst 1977 die Entwicklung des „Baby-Benz“. Vom hohen Heck und dem kantigen „Diamantschliff“-Design war zu dieser Zeit noch wenig zu sehen.

„Ich glaube, wir haben mit dem W 201 zum richtigen Zeitpunkt die richtige Entscheidung getroffen."

Werner Breitschwerdt, Vorstand für Entwicklung und Forschung von 1978 bis 1983.

ner, ergänzte: „Es musste ein Markt für dieses Auto geschaffen werden. Deshalb hatten wir uns zum Ziel gesetzt, ein Design zu entwerfen, das Aufmerksamkeit weckt – und vielleicht auch bisschen provoziert." So erfand Sacco den „Diamantschliff": Durch die trapezartige Gestaltung der Karosserieteile schuf er einen Kontrast zu der eher rundlichen Form der bis dato bekannten Mercedes-Modelle und setzte damit genau die richtigen Akzente. Als der „Baby-Benz" Ende 1982 zum ersten Mal in der Öffentlichkeit vorgestellt wurde, richteten sich die Blicke vor allem auf das hohe, kantig gestaltete Heck. Es brachte die „Kompaktklasse" ins Gespräch, war aber auch Vorbild für andere Mercedes-Modelle.

Vom offiziellen Projektstart im Herbst 1977 bis zum Anlauf der Vorserienproduktion benötigten die Designer und Ingenieure rund fünf Jahre, um alle Anforderungen zu erfüllen. Der W 201 war die bis dahin aufwendigste, teuerste und intensivste Entwicklungsarbeit der Stuttgarter Automarke und brachte dementsprechend viele technische Meisterleistungen hervor – von der guten Aerodynamik (c_W 0,33) über neue Leichtbau-Stahlsorten bis zur Raumlenker-Hinterachse, die noch heute im Einsatz ist.

Der „Baby-Benz" blieb zehn Jahre lang im Mercedes-Modellprogramm und fand bis zu seiner Ablösung durch die C-Klasse im Sommer 1993 über 1,8 Millionen Käufer. Für Fachleute gilt er längst als „Klassiker der Zukunft" – als ein Auto, von besonderer modell- und unternehmenspolitischer Bedeutung. Denn wo wäre Mercedes-Benz heute ohne seine „Kompaktklasse"?

RARES IN „ROSSO“

Dieser 190er aus der Fahrzeugsammlung von Mercedes-Benz gehörte zur Sonderserie „Avantgarde Rosso“ mit spezieller Metallic-Lackierung und Innenausstattung. Mit den Schwestermodellen „Azzuro“ und „Verde“ wurde sie 1992 nur rund 4.600-mal hergestellt.

E 200

MIT NEUEN AUGEN

Mercedes-Benz E-Klasse und SLK:
Mit diesen Modellen begann 1995/1996 eine der spannendsten Epochen in der Geschichte von Mercedes-Benz. Die Marke wurde jünger, dynamischer – und erfolgreicher.

Mercedes-Benz stand am Wendepunkt. Wie sollte es weitergehen mit der Traditionsmarke? War man mit vier Modellreihen und einem Absatz von jährlich nur rund 550.000 Personenwagen in Zukunft überhaupt noch wettbewerbsfähig? Diese und andere Fragen beschäftigten in den späten 1980er-Jahren die Leitung des Stuttgarter Autoherstellers. Und das aus gutem Grund: Die Modellplanung stand quasi auf der Stelle, es gab weder interessante, marktgerechte Neuentwicklungen noch waren Nachfolgemodelle für die seit vielen Jahren produzierten Pkw-Typen in Sicht.

Zwar hatte sich Mercedes-Benz den Ruf erworben, solide und zuverlässige Autos zu entwickeln, doch Design und Ausstattung galten als zu konservativ, um insbesondere jüngere Kunden zu begeistern. So war Mercedes-Benz auf dem Weg in eine „Positionierungsfalle", wie es Vorstandsmitglied Jürgen Hubbert später formulierte. Man hatte sich als teure Premiummarke positioniert, hielt an bewährten Konzepten und Strukturen fest und verpasste damit die Chance, sich zu erneuern und jünger zu werden. Hubbert: „Daimler-Benz war über Jahrzehnte ein von Ingenieuren geprägtes Unternehmen. Sie haben technisch hervorragende Autos entwickelt und dabei gelegentlich Fragen beantwortet, die Kunden gar nicht gestellt hatten."

Werner Niefer, damaliger Chef des Geschäftsbereichs Pkw der Daimler-Benz AG und ab Juli 1989 Vorstandsvorsitzender der neu gegründeten Mercedes-Benz AG, ging das Problem systematisch an. Bei Unternehmensberatern und Marktforschern gab er Studien über die Zukunftschancen der Marke in Auftrag, die allerdings wenig schmeichelhafte Antworten lieferten: Mercedes-Benz musste umdenken. Um expandieren zu können und auf internationaler Ebene wettbewerbsfähig zu bleiben, sei ein radikaler Wechsel der Modell- und Firmenpolitik notwendig, urteilten die externen Berater unisono und lösten damit in der Stuttgarter Konzernzentrale einen Prozess aus, den das Nachrichtenmagazin „Der Spiegel" später als „kleine Revolution" beschrieb.

Offiziell wurde diese „Revolution" am Ende Januar 1993 bekannt, als Helmut Werner, damaliger Vizechef der Mercedes-Benz AG, vor zwölf Journalisten in Stuttgart über die „strategische Neuausrichtung der Produktpolitik" sprach. Die Automarke werde sich von einem „traditionellen Oberklasse-Hersteller zu einem exklusiven Full-Line-Anbieter mit qualitativ hochwertigen Fahrzeugen in allen Marktsegmenten verwandeln", kündigte Werner an und sagte auch eine „Emotionalisierung der Autonutzung" sowie eine „Expansion der Nischen des Autogeschäfts" voraus.

Der Pressetermin bildete den Auftakt einer gut vorbereiteten Inszenierung, mit der sich Mercedes-Benz neu definierte. Von nun an ging es Schlag auf Schlag:

März 1993: Auf dem Genfer Automobilsalon präsentierte die Automarke die Studie eines kompakten Coupés mit vollkommen neuer Formensprache. Statt der herkömmlichen Scheinwerfer zeigte das Showcar vier ovale Frontlichter, markant gewölbte Kotflügel und einen harmonisch in die Motorhaube integrierten Kühlergrill. Dieses neue „Gesicht" wirkte jünger und dynamischer, vor allem aber spürbar emotionaler als das bisherige Design.

Juni 1993: Mit der C-Klasse (W 202) ging ein kundenorientiertes Design- und Ausstattungskonzept in Serie, das Themen wie Individualität und Sportlichkeit betonte.

Mobil 1
Mika
Mobil
Mobil
Mika

STERN-SCHNUPPEN

Nicht alles, was in Stuttgart und Sindelfingen entwickelt und konstruiert wird, geht auch in Produktion. Mercedes-Benz Classic bewahrt in seinen „Heiligen Hallen“ auch jene Modelle auf, die nie eine Serienchance bekamen oder nie bei Rennen starten durften. Diese Prototypen und Unikate sind die wahren Schätze der Fahrzeugsammlung – Autos, die Geschichten erzählen.

MERCEDES - BENZ
Wag: № 01

BLAUMÄNNER

Einst brachten diese blauen Transporter die Silberpfeile und ihre Mannschaft an die Rennstrecken. Das Modell in der Mitte ist die originalgetreue Rekonstruktion eines Unikats von 1955 – ein „Schnelltransporter“, der mit dem Motor des 300 SL 165 km/h erreichte.

90
60
30
240
270
300
km
80
100
110
120
60
OEL

CHARAKTERTYP

Schwungvoll die Karosserie mit lang gestreckter Motorhaube, markant die seitlichen Auspuffrohre, puristisch das Cockpit mit Holzlenkrad und Rennwagenschaltung: Das Uhlenhaut-Coupé von 1955 war in jeder Hinsicht ein starker Charakter.

1

WEGBEREITER

Versuchswagen mit und ohne Elektroantrieb: Der W 124 ist ein Unikat mit verlängertem Radstand (1), das zur Erprobung des aktiven Fahrwerks gebaut wurde. Mit dem roten 190er (2) war man schon 1992 elektrisch unterwegs, in der A-Klasse (3) wurde der Hybridantrieb getestet und 2013 stellte der SLS AMG (4) auf dem Nürburgring mit 7:56:23 Minuten einen neuen Rundenrekord auf – für Elektroautos.

2
3
LB MA 8642
4

SAFETY CAR

ERSTHELFER

Seit 1996 stellt Mercedes-Benz regelmäßig die Safety-Cars, die bei Gefahr auf den Formel-1-Strecken für Sicherheit sorgen. Es sind Unikate mit besonderer Technik und Ausstattung. Dieser CLK 55 AMG war von 1997 bis 1999 im Safety-Einsatz.

S F 44H
SL 400
D
S SL 3707

GEDANKEN-SPIELE

Zwei Modellvarianten, die nur Prototypen blieben: Der SL 400 CDI mit dem Achtzylinder-Dieselmotor hat es ebenso wenig in die Serienproduktion geschafft wie das viersitzige Cabriolet auf Basis des „Baby-Benz“ 190 E (unten).

VOM ANDEREN STERN

Mercedes-Benz 150 Sport-Roadster von 1935:
Der rote Zweisitzer ist das einzige erhalten gebliebene Exemplar eines Modells, das optisch und technisch völlig aus dem Rahmen fiel.

Waren es fünf oder sechs? Oder vielleicht sogar nur zwei? Die Antwort auf die Frage, wie viele Exemplare dieses Sport-Roadsters hergestellt und verkauft wurden, gehört zu den immer wieder diskutierten Themen in der ansonsten recht lückenlos dokumentierten Modellhistorie von Mercedes-Benz.

Fest steht, dass der offene Typ 150 im Februar 1935 Premiere feierte und dass es einen Verkaufsprospekt gab, der das Auto als „rassigen Sportwagen" beschrieb. Auch der Preis ist bekannt: 6.600 Reichsmark. Doch wie viele Sport-Roadster jemals an Kunden ausgeliefert wurden, bleibt ungewiss. In den Produktionsstatistiken des Werks Sindelfingen sind fünf Karosserien aufgelistet, während die Kommissionsbücher nur zwei ausgelieferte Exemplare ausweisen.

In jedem Fall gilt der Sportwagen aber als eine ebenso seltene wie kostbare Mercedes-Rarität. Wahrscheinlich existiert weltweit nur noch das rot lackierte Exemplar aus dem Baujahr 1935, das heute in den „Heiligen Hallen" aufbewahrt wird. Mercedes-Benz Classic hatte es Ende der 1940er-Jahre mit einer Laufleistung von nur 44.500 Kilometern von einem privaten Vorbesitzer erworben. Im Classic Center in Irvine (Kalifornien) war das seltene Stück Ende der 2000er-Jahre einige Zeit im Einsatz und wurde dort auch restauriert. Heute ist das Auto wieder topfit und erweist sich bei öffentlichen Auftritten stets als ganz besonderer „Eyecatcher". Kein Wunder: Mit dem ungewöhnlichen, spitzen Bootsheck fällt der Typ 150 optisch völlig aus dem Rahmen.

Der Sport-Roadster stammt aus einer Zeit, da die Wirtschaft im Rückwärtsgang lief und der Autoabsatz stagnierte. Deshalb musste auch Mercedes-Benz umdenken und brachte 1934 mit dem Typ 130 (siehe auch Seite 60) ein kleineres, preisgünstigeres Modell auf den Markt. Es entsprach der damals weitverbreiteten Ansicht, wonach sich moderne Autos durch Stromlinienform und Heckmotorantrieb auszeichnen sollen. Aus diesem Modell (W 23) ging zunächst 1934 eine zweisitzige „Sport-Limousine" hervor, mit der Mercedes-Benz an der publikumswirksamen „2.000-Kilometer-Fahrt" teilnahm und vier Goldmedaillen gewann. Anders als bei der Limousine des Typs 130 befand sich der Motor dieses Modells allerdings im Interesse besserer Gewichtsverteilung und stabilerem Fahrverhalten vor der Hinterachse.

Von dem Erfolg bei der Langstreckenfahrt angespornt und von der politischen Diskussion über preisgünstige Autos fürs Volk beeinflusst, meinte Daimler-Benz-Vorstand Wilhelm Kissel, dass „es unumgänglich notwendig sei, zum Frühjahr 1935 einen kleinen schnittigen Sportwagen herauszubringen" und gab damit das Startsignal für den Sport-Roadster. Die ersten (und einzigen) hergestellten Exemplare basierten auf den originalen Fahrgestellen der Sport-Limousine – mit einem in Mittelposition untergebrachten 1,5-Liter-Vierzylindermotor, der 40 kW/55 PS leistete und dank eines speziellen „Schnellgangs" ein Spitzentempo von 125 km/h ermöglichte.

Das war zur damaligen Zeit ein durchaus beachtlicher Wert, wenngleich die Beschreibung im Verkaufsprospekt des rund 1.000 Kilogramm leichten Sport-Roadsters wohl doch ein bisschen übertrieben klingt: „Ein PS ist mit nur 19 Kilogramm belastet. Hier liegt die Erklärung dafür, dass der Typ 150 in allen Übersetzungen einen Anzug hat, der dem eines Kompressorwagens kaum nachsteht."

DER FREMDLING

Nicht nur das Bootsheck, auch die Frontpartie mit den drei Scheinwerfern und die hinter den Türen montierten Ersatzräder machten den Sport-Roadster zu einem Außenseiter im Programm von Mercedes-Benz. Der Motor befindet sich vor der Hinterachse.

III A-29869

UHLENHAUTS UNIKATE

Rennsport-Prototypen auf Basis des 300 SL und 300 SLR: 1952 und 1954 konstruierte Mercedes-Ingenieur Rudolf Uhlenhaut zwei beeindruckende Rennsportwagen, die aber nie zum Einsatz kamen.

Alfred Neubauer und Rudolf Uhlenhaut – das war für lange Zeit das kongeniale Erfolgsduo hinter den Kulissen des Motorsports von Mercedes-Benz. Während Neubauer die Fahrer betreute und die Renneinsätze managte, kümmerte sich Uhlenhaut um die Technik der Rennwagen. Er war nach seinem Maschinenbaustudium an der Universität München im Jahre 1931 zu Daimler-Benz gekommen und arbeitete zunächst als Betriebsassistent im Pkw-Versuch. Doch schon im Herbst 1936, Uhlenhaut hatte kurz zuvor seinen 30. Geburtstag gefeiert, ernannte man den engagierten Ingenieur zum Technischen Leiter der Rennabteilung, wo er die Nachfolger des ersten Silberpfeils entwickelte. Für diese Aufgabe brachte der Ingenieur nicht nur gute Ideen, sondern auch ein anderes, nicht minder wichtiges Talent mit: Er konnte die Rennwagen auch fahren. „Uhlenhaut ist als schneller Fahrer ebenso glänzend wie als Ingenieur", lobte Rudolf Caracciola den technischen Vater der Silberpfeile. Und Rennleiter Neubauer ergänzte: „Mit Uhlenhaut begann eine völlig neue Epoche im Rennwagenbau."

Nach dem Zweiten Weltkrieg wurde Rudolf Uhlenhaut im April 1949 zum Oberingenieur und Chef der Versuchsabteilung befördert. Sein erster Geniestreich war die Entwicklung des Typs 300 SL („Super-Leicht"), mit dem sich Mercedes-Benz im Jahre 1952 im Motorsport zurückmeldete und der nach seinem Debüt bei der Mille Miglia von Sieg zu Sieg fuhr (siehe auch Seite 114).

Deshalb erschien es für Uhlenhaut nur logisch und konsequent, am Ende dieser erfolgreichen Rennsaison über ein Nachfolgemodell nachzudenken, mit dem Mercedes-Benz auch im Jahre 1953 konkurrenzfähig bleiben sollte.

Man schrieb den 1. Dezember 1952, als Uhlenhaut seine Ideen für den neuen Rennsportwagen in einem Memorandum zusammenfasste. Seine Ziele: mehr Leistung, höheres Tempo. Zehn Exemplare des Flügeltürers hatte man bis dahin auf die Räder gestellt, sodass der neue Typ kurzerhand zum SL mit der Nummer 11 wurde – genau: mit der Chassisnummer 194 010 00011/53.

Uhlenhaut hatte freie Hand und konnte fast alle seiner Ideen verwirklichen: Zusammen mit Karosseriekonstrukteur Walter Gragert entwickelte er eine schmalere – und damit strömungsgünstigere – Karosserie, verkleinerte den Radstand, konstruierte eine neue Hinterachse und sorgte durch Transaxle-Bauweise (Motor vorn, Getriebe hinten) für eine bessere Gewichtsverteilung. Den robusten Sechszylinder-

Schmaler, kantiger, kürzer: Das Foto macht die Unterschiede zwischen dem 300 SL und seinem Nachfolger deutlich.

W 194/11

Im Herbst 1954 war „Nummer 11" bei Tests in Monza mit von der Partie. Rennleiter Neubauer nutzte die Gelegenheit für ein Bild mit Dame.

motor stattete Uhlenhaut – erstmals bei Mercedes-Benz – mit der damals neu entwickelten Benzindirekteinspritzung aus und konnte auf diese Weise die Leistung des Triebwerks von 125 kW/170 PS auf 158 kW/215 PS steigern. Im Zusammenspiel mit der besseren Aerodynamik und der leichteren Magnesiumkarosserie beschleunigte „Nummer 11" auf ein Spitzentempo von 260 km/h (bisher 230) und überzeugte damit sogar Juan Manuel Fangio: Bei Testfahrten in Monza umrundete der Formel-1-Weltmeister den Grand-Prix-Kurs mit dem W 194/11 in nur zwei Minuten und 7,5 Sekunden und war damit 7,5 Sekunden schneller als mit dem bisherigen SL-Rennsportwagen – ein Unterschied, der unter Profis fast als halbe Ewigkeit gilt.

Doch es gab ein Problem: Der Vorstand von Daimler-Benz beschloss einen Kurswechsel. Statt sich weiter an Sportwagenrennen zu beteiligen, sollte Mercedes-Benz ab 1954 wieder in der Formel 1 mitmischen. Das bedeutete: Alle verfügbaren Kapazitäten der Rennabteilung mussten für die Entwicklung des neuen Formel-1-Rennwagens verwendet werden. Deshalb blieb „Nummer 11" auf der Strecke. Das Einzelstück diente ab 1953 auf Rennstrecken noch als Trainingsfahrzeug, kam dann in den Fuhrpark der Versuchsabteilung und wird heute in den „Heiligen Hallen" von Mercedes-Benz Classic aufbewahrt. Hier hat das Auto bis heute jenen Beinamen behalten, den ihm einst die Untertürkheimer Versuchsingenieure wegen seiner recht eigenwilligen – sprich: kantigen – Frontpartie gaben: „Hobel".

EINE GENERATION VORAUS

Mit Magnesiumkarosserie, Benzindirekteinspritzung und Transaxle-Bauweise war der W 194/11 ein technischer Trendsetter. Eigentlich sollte er im Mai 1953 bei der Mille Miglia zum ersten Mal starten, doch dann entschied sich der Vorstand von Daimler-Benz anders: „Nummer 11“ blieb ein Unikat.

Uhlenhauts Rennsport-Coupé war 1955 ein Silberpfeil mit Straßenzulassung – und mit 290 km/h der schnellste Sportwagen auf den Autobahnen.

Fortsetzung folgt: Noch ein „Uhlenhaut-Coupé"

Das Schicksal des W 194/11 von 1953 wiederholte sich schon drei Jahre später. Wieder ging es um einen Rennsportwagen für die nächste Saison – und wieder konnte Rudolf Uhlenhaut seine Ideen nur in einem Prototyp verwirklichen. Die Vorgeschichte: Im Mai 1955 nahm Mercedes-Benz doch wieder an Sportwagenrennen teil und feierte mit dem vom Formel-1-Monoposto W 196 abgeleiteten 300 SLR große Erfolge. Diese Siegesserie wollte Uhlenhaut in der nächsten Saison mit einem verbesserten Wagen fortsetzen, der den Fahrern mehr Schutz bieten sollte als der offene 300 SLR. Es entstand eine Sternstunde aus Kraft und Eleganz: ein nur 1.100 Kilogramm leichtes, bis zu 228 kW/310 PS starkes und 290 km/h schnelles Coupé mit der Technik eines Rennwagens und den Flügeltüren des 300 SL. Doch die Hoffnungen, mit diesem Auto schon im November 1955 bei der Carrera Panamericana in Mexiko starten zu können, blieben unerfüllt: Das Rennen fand nicht statt, und Mercedes-Benz zog sich vollständig vom Motorsport zurück. Alle Zukunftspläne wurden ad acta gelegt.

Zwei Exemplare des 300 SLR-Coupés waren bis dahin entstanden. Sie blieben noch viele Jahre in der Versuchsabteilung und waren damit wohl die schnellsten Dienstwagen, die das Unternehmen jemals gebaut hat. Heute ist eines der beiden „Uhlenhaut-Coupés" im Mercedes-Benz Museum zu bewundern, der zweite Wagen „parkt" in einer der „Heiligen Hallen".

KOMFORT FEHLANZEIGE

Weil die Kardanwelle schräg unter dem Fahrersitz verläuft, muss der Fahrer mit gespreizten Beinen hinter dem Holzlenkrad des „Uhlenhaut-Coupés“ sitzen. Rechts neben dem Kardantunnel sind Gas- und Bremspedal platziert, links befindet sich das Kupplungspedal.

GEHEIMPROJEKT SLX

Designstudie von 1965:
Das aus Holz gefertigte Modell erinnert an die Pläne von Mercedes-Benz für einen Supersportwagen mit Mittelmotor. Er blieb eine Vision.

Als am 8. Februar 1963 der letzte 300 SL vom Montageband fuhr, ging bei Mercedes-Benz eine Ära zu Ende – die Ära der hochkarätigen, leistungsstarken Sportwagen, die 1954 mit dem „Flügeltürer" begonnen hatte und 1957 mit dem offenen 300 SL fortgesetzt worden war. Zwar hatte die Automarke schon im März 1963 einen neuen Roadster parat, doch der grazile Typ 230 SL – besser bekannt als „Pagoden-SL" – war eher ein Reise- denn ein Sportwagen.

Hinter den Werkstoren existierte der wahre Nachfolger des 300 SL damals aber durchaus, allerdings nur in Papierform. Projektname: SLX. In einem Memorandum sprach Entwicklungsvorstand Fritz Nallinger später von einem „Sportwagen mit M 100-Motor, dieser allerdings im Volumen auf nahe sieben Liter vergrößert". Zur Erklärung: Der „M 100" war das neue Achtzylindertriebwerk, das im großen Mercedes-Benz 600 zum Einsatz kam. Mit sieben Litern Hubraum hätte dieser Motor knapp 221 kW/300 PS entwickelt.

Ursprünglich sollte der SLX der „große Bruder" des Typs 230 SL werden und sich optisch nur wenig von der „Pagode" unterscheiden. Doch dann erkannte man, dass ein solcher Supersportwagen auch formal Zeichen setzte sollte. Der Bereich „Stilistik" war gefordert: Mitte 1964 bekam der aus Frankreich stammende Designer Paul Bracq den Auftrag, das neue Modell in Form zu bringen. Bracq war 1957 zu Mercedes-Benz gekommen und hatte sein Talent unter anderem schon bei der Gestaltung des schönen Heckflossen-Coupés (siehe auch Seite 178) bewiesen. Nur: Die Ideen, die er und sein italienischer Kollege Giorgio Battistella für den SLX skizzierten, verschlugen so manchem traditionsbewusstem Mercedes-Mann die Sprache. Die Designer planten einen Mittelmotor-Sportwagen im Stil eines italienischen Gran Turismo – mit Flügeltüren, Klappscheinwerfern und flacher Frontpartie anstelle der gewohnten Kühlermaske. So etwas hatte man bei Mercedes-Benz noch nicht gesehen. Trotzdem: Bracq und Battistella durften weitermachen und stellten zunächst fünf unterschiedliche 1:5-Modelle her, bevor der Vorstand grünes Licht für ein Exponat in Originalgröße gab. Es war im Frühjahr 1966 fertig, kam in den Windkanal und wurde weiterhin kontrovers diskutiert – bis die Gespräche irgendwann abrupt verstummten. Das Projekt SLX wurde gestoppt. Nur das Designmodell, das heute in den „Heiligen Hallen" zu finden ist, erinnert noch an jene visionären Gran-Turismo-Pläne. Dass es überhaupt noch existiert, ist dem soliden Werkstoff zu verdanken, aus dem Designmodelle seinerzeit gebaut wurden: Holz.

BB-A 716

Paul Bracq (rechts) und Giorgio Battistella entwarfen das atemberaubende Design des SLX.

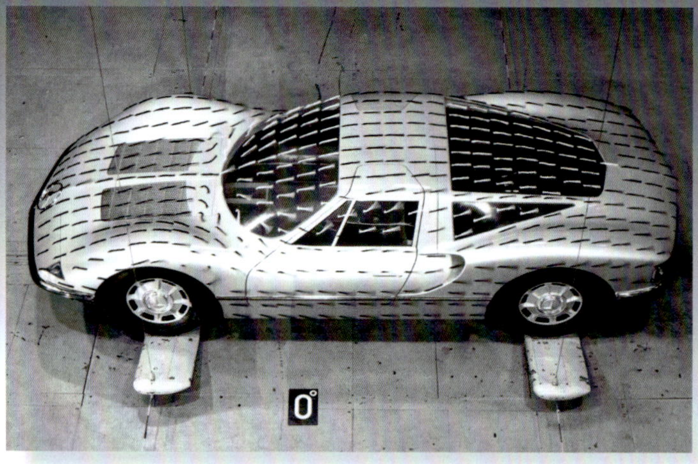

Im Frühjahr 1966 stand das Modell im Windkanal. Wollfäden machten die Umströmung der Karosserie sichtbar.

FORMEN MIT BOTSCHAFT

Mit schwungvoll geformten Kotflügeln sollte der SLX seine Muskeln spielen lassen und zeigen, welche Kraft in dem Gran Turismo steckt. Es war eine vollkommen neue und für damalige Mercedes-Verhältnisse geradezu revolutionäre Formensprache.

WELTREKORDE MIT DIESELMOTOR

Auf dem Rundkurs im süditalienischen Nardò war der C 111 Mitte Juni 1976 das schnellste Dieselauto der Welt. Mit bis zu 254 km/h stellte er neue Weltrekorde auf.

RUNDFAHRT

Mercedes-Benz C 111 von 1976 bis 1979: Aus dem Experimentalfahrzeug zur Erprobung neuer Technologien entwickelten sich Rekordwagen, die vor allem dem Dieselmotor auf die Sprünge halfen.

Für diesen Mercedes-Benz hätte mancher Sportwagen-Fan Ende 1960er-Jahre Haus und Hof verkauft. Einige sollen sogar Blankoschecks nach Stuttgart geschickt haben, um ein Exemplar des Zweisitzers zu bekommen. Vergebens: Das Auto ging nicht in Serie – es war „nur“ als Experimentalfahrzeug geplant und sollte es auch bleiben. Ein rollendes Versuchslabor, mit dem man unter anderem den Wankelmotor und neue Kunststoffe für den Karosseriebau ausprobieren wollte. Zwischen Frühjahr 1969 und Sommer 1970 entstanden zunächst zwei Serien mit insgesamt zwölf C 111 in der markanten orangefarbenen Lackierung. Diese Autos haben heute ihren Platz in den „Heiligen Hallen“.

In den Modellen der ersten Serie erprobte Mercedes-Benz zunächst ein 206 kW/280 PS starkes Dreischeiben-Wankeltriebwerk und stieg damit in die Diskussion über die Zukunftschancen dieser Technik ein. „Was haben die Stuttgarter mit dem Wankelmotor vor?“, rätselte man auch, als der C 111-II im Frühjahr 1970 mit einem Vierscheibenmotor an den Start ging und eine beachtliche Höchstgeschwindigkeit von 300 km/h erreichte. Doch das genügte nicht: Zu hoher Benzinverbrauch und zu hohe Abgasemissionen waren die Gründe, die letztendlich gegen den Wankelmotor sprachen.

Statt dessen konzentrierte man sich auf die Weiterentwicklung des Dieselantriebs. Mit dem Typ 240 D 3.0 hatte Mercedes-Benz seinerzeit bereits einen leistungsstarken Pkw-Selbstzünder im Programm, der aber nach Ansicht der Entwickler noch mehr konnte – und zwar mithilfe von Turbolader und Ladeluftkühlung. Ein solches Triebwerk, das nun statt 59 kW/80 PS eindrucksvolle 140 kW/190 PS leistete, sollte im C 111-II seine Bewährungsprobe bestehen. Juni 1976: Versuchsfahrer, Mechaniker, Ingenieure und Projektleiter Dr. Hans Liebold machten sich auf den Weg nach Apulien. Nahe der süditalienischen Stadt Nardò war kurz zuvor ein neuer Rundkurs entstanden, der dank seiner überhöhten Kurven Geschwindigkeiten von weit über 240 km/h erlaubte – und genau in diese Temporegionen wollte Mercedes-Benz vordringen. Es gelang: Während der 60-stündigen Rekordjagd erreichte der C 111-II D ein Durchschnittstempo von bis zu 254,086 km/h und stellte insgesamt 16 neue Diesel-Bestleistungen auf. Darunter waren laut der damaligen Mercedes-Presseinformation drei vom Motorsport-Dachverband FIA anerkannte Weltrekorde: So schnell war bis dato kein anderes Dieselauto gefahren.

Eigentlich konnte man mit dieser Bilanz zufrieden sein, doch Entwicklungsvorstand Dr. Hans Scherenberg und seine Mannschaft hatten noch eine andere Zielmarke vor Augen, die bisher mit keinem Diesel-Personenwagen nicht erreicht worden war: 300 km/h. Das erschien zwar durchaus machbar, aber nicht mit einem straßentauglichen Sportwagen wie dem C 111. Um eine solche Bestleistung zu erzielen, bedürfe es vielmehr eines regelrechten Rekordwagens mit rundum verkleideter und bis ins Detail aerodynamisch optimierter Karosserie, erklärten die Entwickler So entstand der C 111-III: ein 5,38 Meter langer und 1,05 Meter flacher Zweisitzer mit 169 kW/230 PS starkem Turbodieselmotor.

30. April 1978, null Uhr, wieder in Nardò: Start der Rekordfahrt mit dem C 111-III. Vier Fahrer waren ausgewählt worden, um mit dem silbern lackierten Wagen Weltrekorde zu brechen. Der belgische Rennfahrer Paul Frère war der erste – und gab sofort Vollgas. Schon nach zehn Kilometern

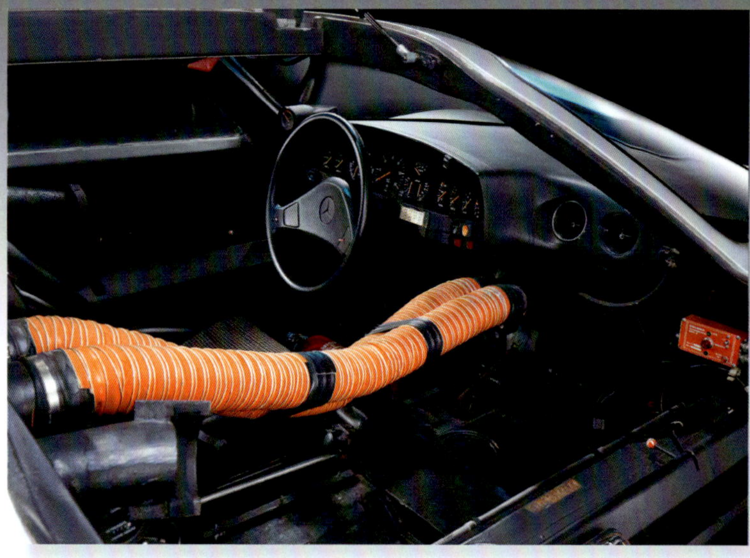

Lange Leitung: Armdicke Rohre beförderten im C 111-IV Kühlluft durchs Cockpit in den hinteren Motorraum.

hatte er mit 260,183 km/h die erste Rekordleistung vollbracht. Und so ging es Runde für Runde weiter – bis das Motorengeräusch plötzlich verstummte. Der Grund: ein Reifenplatzer. Dabei wurde der C 111-III so stark beschädigt, dass er die Rekordfahrt nicht mehr fortsetzen konnte. Rasch ließ Projektleiter Liebold das Reservefahrzeug startklar machen, das man vorsichtshalber mitgebracht hatte. Es war sogar noch schneller, sodass sich das Team am Ende der Fahrt laut der damaligen Mercedes-Presseinformation über neun Weltrekorde und elf internationale Klassenrekorde freuen konnte. Das höchste Durchschnittstempo betrug 321,860 km/h.

Jetzt hatte die Stuttgarter das Rekordfieber gepackt. Ihr nächstes Ziel war der Rundstrecken-Weltrekord, der seit 1975 bei 355,854 km/h lag. Der C 111-III wurde weiterentwickelt – wurde noch größer, noch windschnittiger und dank eines neuen V8-Benzinmotors mit zwei Turboladern noch stärker. Am 5. Mai 1979 startete Hans Liebold in Nardò den 368 kW/500 PS starken C 111-IV, preschte los und kehrte schließlich als neuer Weltrekordinhaber an die Box zurück: Mit 403,978 km/h hatte er den Rundstreckenrekord deutlich übertroffen und sogar vier weitere Weltrekorde aufgestellt.

Es war das erfolgreiche Ende des Projekts C 111, dessen Bedeutung aber nicht allein in den Rekordgeschwindigkeiten zu sehen ist. Ebenso wichtig war die Rolle des Experimentalfahrzeugs als Wegbereiter neuer Technologien, Konstruktionsverfahren und Designkonzepte.

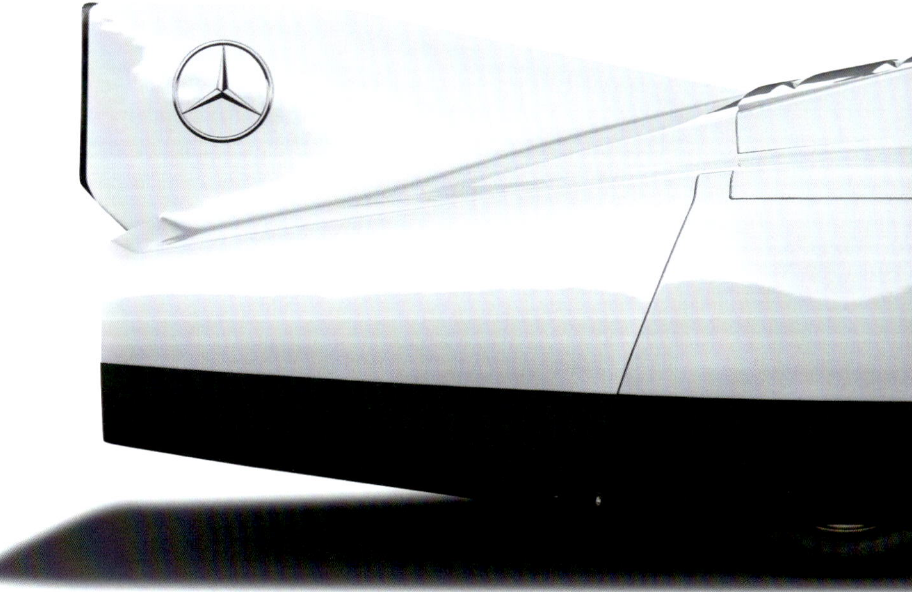

Schnellste Runde: Mit dem C 111-IV wollte Mercedes-Benz 1979 den Rundstrecken-Weltrekord knacken. Der lag bei 355,854 km/h und war mit einem 735 kW/1.000 PS starken Porsche aufgestellt worden. Der C 111-IV fuhr 403,907 km/h – mit „nur" 368 kW/500 PS.

DIESEL MIT FLÜGEL

Der Turbolader verlieh dem Pkw-Dieselmotor buchstäblich Flügel. Das bewies Mercedes-Benz mit dem C 111-III, der 1978 Rekordgeschwindigkeiten erreichte. Der noch schnellere C 111-IV (ganz oben) war 1979 allerdings mit einem V8-Benzinmotor ausgerüstet.

RECARO

Mercedes-Benz Classic

DOPPELHERZ

A 190 Twin und F-Cell:
Mit zwei Motoren sollte die A-Klasse 1998 zum Sportwagen werden. Es blieb jedoch bei der Studie. Auch vom Modell mit Brennstoffzelle gab es nur eine Kleinserie.

Breite Kotflügel, Seitenschweller, 18-Zoll-Räder und ein unübersehbarer Heckspoiler – mit dieser sportlichen Ausstattung erschien Mitte November 1998 eine A-Klasse in der Öffentlichkeit, von der manche Mercedes-Fans noch heute träumen. Kein Wunder: Es war ein Auto, das es buchstäblich in sich hatte. Unter der nur 3,57 Meter langen Karosserie verbargen sich zwei Motoren – einer an gewohnter Stelle unter der Fronthaube und ein zweiter im Heck. Beide Triebwerke mobilisierten zusammen 184 kW/250 PS und beschleunigten den ultrakompakten Mercedes-Benz in nur 5,7 Sekunden auf 100 km/h.

Dieses Kraftpaket nannte man A 190 Twin; später machte die Marketingabteilung aus dem „Zwilling" den A 38 AMG. Doch auch das neue Typenschild, mit der das Auto in das Programm der sportlichen Mercedes-Tochtergesellschaft AMG aufrücken sollte, änderte nichts an der Entscheidung des Vorstands: Diese A-Klasse ging nie in Serie. Nach der Panne beim Elchtest und der darauf folgenden Imagekrise wollte man kein weiteres Experiment mit der A-Klasse wagen und erteilte den Initiatoren des Twin-Projekts eine Absage. So wurden nur vier Fahrzeuge hergestellt. Jeweils ein Exemplar erhielten die damaligen Formel-1-Werksfahrer Mika Häkkinen und David Coulthard, die beiden anderen Prototypen des A 190 Twin blieben im Werkbesitz und wurden einige Zeit lang bei Fahrertrainings oder Kundenveranstaltungen vorgeführt. Heute bewahrt Mercedes-Benz Classic ein Exemplar dieser A-Klasse-Rarität in seinen „Heiligen Hallen" auf.

Die „Twin-Idee" ließ sich nur dank des ebenso ungewöhnlichen wie innovativen Sandwichkonzepts der A-Klasse realisieren. Denn zwischen der Bodenstruktur und dem eigentlichen Unterboden befand sich ein durch Längs- und Querträger geschützter Bereich, der Platz für zusätzliche Bauteile oder Aggregate bot. Dabei hatten die Entwickler der A-Klasse in erster Linie an den Elektroantrieb gedacht, der zusätzlichen Bauraum für die Unterbringung der Antriebsbatterie benötigt. Aber auch Wasserstofftanks, die eine Brennstoffzelle mit Energie versorgen, sollten sich unter dem Passagierabteil sicher platzieren lassen. Mit anderen Worten: Durch das Sandwichkonzept war die A-Klasse schon 1997 fit für die Antriebstechnik von morgen.

Auf Basis der A-Klasse entstand die erste Mercedes-Kleinserie mit Brennstoffzellenantrieb. Die Autos wurden ab 2003 erprobt.

Die Daimler-Forschung nutzte das neuartige Fahrzeugkonzept der A-Klasse ab Ende 1997 für die Erprobung der Brennstoffzelle. Vorausgegangen waren zwei andere Forschungswagen mit der Bezeichnung NECAR (New Electric Car), die allerdings noch auf einem Kleintransporter und einem Van basierten. NECAR 3 war die erste A-Klasse mit Brennstoffzellenantrieb. Hier wurde der Wasserstoff an Bord des Autos durch Methanolumwandlung erzeugt, doch diese Technik war so groß war, dass nur zwei Passagiere Platz fanden. Das änderte sich 1999 mit NECAR 4, dessen Brennstoffzelle aus Tanks im Sandwichboden mit Wasserstoff versorgt wurde.

Nach dem Projekt NECAR 5, bei dem Wasserstoff ebenfalls per Methanolumwandlung gewonnen wurde, gab man im Herbst 2002 bekannt, eine Kleinserie der A-Klasse mit Brennstoffzellenantrieb zu produzieren. So wurde aus dem NECAR die A-Klasse „F-Cell" (Fuel Cell). Ihr Antriebssystem entwickelte eine Leistung von 65 kW/88 PS und ermöglichte eine Höchstgeschwindigkeit von 140 km/h. Getankt wurde gasförmiger Wasserstoff; mit zwei Kilogramm dieser Energie betrug die Reichweite rund 150 Kilometer.

Bis Frühjahr 2003 entstanden 60 F-Cell Fahrzeuge, die Mercedes-Benz zur Erprobung an Kunden in Europa, Asien und den USA lieferte. Es war der erste Praxistests eines serienmäßig hergestellten Brennstoffzellenautos. Daran erinnert heute in den „Heiligen Hallen" einer der damaligen Testkandidaten. Das Auto hat im Rahmen seiner Praxiserprobung 150.000 Kilometer abgespult – völlig emissionsfrei.

VIER ZYLINDER IM DOPPELPACK

Diese A-Klasse aus den „Heiligen Hallen“ ist eine Rarität der späten 1990er-Jahren. Unter der Karosserie stecken zwei Motoren mit einer Gesamtleistung von 184 kW/250 PS.

INTELLIGENZ AUF RÄDERN

Dieser S 500 war 2013 auf der Strecke unterwegs, die einst Bertha Benz für die erste Auto-Fernfahrt gewählt hatte. Ein Sensor- und Computersystem steuerte in dem Forschungswagen automatisch Lenkung, Bremse und Motor.

VORDENKER

Mercedes-Benz S 500 Intelligent Drive von 2013:
Diese Limousine gilt als ein wichtiger Wegbereiter für das autonome Fahren.
Hightech-Assistenzsysteme lenkten den S 500 sicher über die Straßen.

Autos, die vorausdenken, ihre Umgebung beobachten, neueste Verkehrsdaten aus der „Cloud" verarbeiten und ihre Passagiere selbstständig ans Ziel chauffieren – das ist die Zukunft der Automobilität, an der Forscher arbeiten. Der Weg dorthin ist weit, doch Mercedes-Benz hat einen Vorsprung: Schon in den 1990er-Jahren statteten Ingenieure des Autoherstellers zusammen mit Wissenschaftlern der Universität der Bundeswehr eine S-Klasse mit Kameras und Computern aus, die es ermöglichten, automatisiert zu fahren. So absolvierte die Limousine im Herbst 1995 eine 1.700 Kilometer lange Fernfahrt von München nach Kopenhagen.

Beharrlich haben Mercedes-Ingenieure seitdem daran gearbeitet, die Technik für das autonome Fahren zu perfektionieren und serienreif zu machen. Der erste Schritt war 1998 der radarbasierte Abstandsregel-Tempomat in der S-Klasse (W 220), dem weitere Radar- und Ultraschallsensoren sowie Stereokameras folgten. Die damit ausgerüsteten Assistenzsysteme können Gefahren erkennen und den Fahrer unterstützen. Solche künstliche Intelligenz nutzt Mercedes-Benz seit 2013 auch für den Abstandsregel-Tempomaten mit Lenkassistenten und „Stop & Go-Pilot", der das Auto im Kolonnenverkehr lenkt, bremst oder beschleunigt.

Im nächsten Schritt sollen die verschiedenen Sensoren so intelligent fusioniert werden, dass sie Verkehrssituationen blitzschnell interpretieren und zuverlässig reagieren können. Dass dies technisch möglich ist, machten Mercedes-Ingenieure im August 2013 mit einem „Intelligent Drive" deutlich: Auf einer rund 100 Kilometer langen Route von Mannheim nach Pforzheim ließen sie sich autonom über die Straßen chauffieren, wobei das Forschungsfahrzeug der S-Klasse im Stadtverkehr und an Ampelkreuzungen selbst hochkomplexe Situationen meisterte.

Mannheim–Pforzheim: Auf dieser Strecke war 125 Jahre zuvor schon einmal eine automobiltechnische Pionierleistung vollbracht worden. Das war Bertha Benz, die 1888 mit der ersten Fernfahrt dazu beitrug, eine damals noch revolutionäre Technik populär zu machen. So wird auch der „Intelligent Drive" vom August 2013 in die Chronik der Stuttgarter Automarke einziehen. Grund genug also, das Forschungsfahrzeug für die Nachwelt aufzubewahren: Es gehört seit dem 26. Juli 2016 zur Fahrzeugsammlung und hat in den „Heiligen Hallen" einen Platz neben anderen wegweisenden Technik-Trendsettern gefunden.

347
509
509
S 021 H

SHOWTIME

Die Autos in den „Heiligen Hallen“ sind keine Museumsstücke, die für immer unangetastet bleiben. Im Gegenteil: Rund 1.000-mal pro Jahr schickt Mercedes-Benz seine Sammlungsfahrzeuge zu Klassik-Veranstaltungen oder -Rallyes, wo die Modelle aus Stuttgart regelmäßig für Sternstunden sorgen.

417
431
42
AUSTRALIA
1
345

TAUSEND MEILEN RENNGESCHICHTE

Mercedes-Benz Classic ist einer der Hauptsponsoren der „Mille Miglia Storico“, die an das legendäre 1.000-Meilen-Rennen durch Italien erinnert. Jedes Jahr gehen dort Dutzende Auto-Klassiker an den Start und machen die große Mercedes-Tradition bei der Langstreckenfahrt lebendig.

DIE SCHÖNSTEN DER SCHÖNEN

Einmal im Jahr fahren beim „Pebble Beach Concours d'Elegance" in Kalifornien die schönsten und interessantesten Modelle vor. Der 500 K Spezial-Roadster von 1935 zählte schon mehrfach zu den Höhepunkten dieses Schönheitswettbewerbs für automobile Klassiker.

DOPPELTES ERLEBNIS

Bei der „Tour d'Elegance" machte der Mercedes-Simplex 40 PS nicht nur optisch eine gute Figur. Das 117 Jahre alte Automobil – eines der ältesten, noch existierenden Mercedes-Modelle – absolvierte die Gleichmäßigkeitsfahrt rund um Pebble Beach auch aus technischer Sicht mit Bravour – und bereitete seinen Passagieren obendrein noch jede Menge Fahrspaß.

DOPPELTE PROMINENZ

Ebenso prominente wie routinierte Fahrer sitzen am Steuer, wenn die Silberpfeile aus den „Heiligen Hallen“ bei Klassik-Veranstaltungen optisch und akustisch für Aufsehen sorgen. Hier pilotiert Jochen Mass einen der legendären 300 SLR-Rennsportwagen. Mit der Startnummer 658 wurde Juan Manuel Fangio 1955 bei der Mille Miglia Zweiter.

E WARMING
NISH
Mobil 1
WARSTEINER
1
Mobil
1

VETERANEN ALS TEMPOMACHER

Der Name ist Programm: Beim „Goodwood Festival of Speed“ geht es vor allem um die Tempomacher unter den klassischen Autos. Auch davon hat Mercedes-Benz einige zu bieten und bringt bei der Veranstaltung im Süden Englands stets eine Auswahl seiner Renn- und Tourenwagen an den Start.

BILD- UND LITERATURHINWEISE

Autor und Verlag danken Mercedes-Benz Classic für die freundliche Unterstützung der Recherchen und der Fotoaufnahmen. Der besondere Dank gilt Christian Boucke, Gerhard Heidbrink, Holger Lützenkirchen und Jürgen E. Wittmann.

Fotos: Daimler AG (mit Aufnahmen von Igor Panitz und Proceda-Studios) sowie Seite 58: Getty Images/Bettmann; Seite 163: Landesarchiv Berlin/Bert Sass; Seite 171: NASA/MSFC; Seite 174: Ullstein Bild/Jung; Seite 180: Deutsche Bank AG, Historisches Institut; Seiten 2, 111, 158-159, 170-171, 201: Christof Vieweg

Bibliografische Information der Deutschen Nationalbibliothek
Die Deutsche Nationalbibliothek verzeichnet diese Publikation in der Deutschen Nationalbibliografie; detaillierte bibliografische Daten sind im Internet über http://dnb.d-nb.de abrufbar.

2. Auflage
ISBN 978-3-667-11666-6

Redaktion, Gestaltung und Texte: Christof Vieweg
Historisch-publizistische Beratung: Gerhard Heidbrink

Projektsteuerung: Edwin Baaske

Lithografie: Mohn Media, Gütersloh
Gesamtherstellung: Firmengruppe APPL, aprinta Druck, Wemding
Printed in Germany 2021

Delius Klasing Verlag, Siekerwall 21. D-33602 Bielefeld
Telefon 0521/559-0, Telefax 0521/559-115
info@delius-klasing.de
www.delius-klasing.de

Literaturhinweise

Manfred von Brauchitsch:
„Ohne Kampf kein Sieg", Verlag der Nation, Berlin 1966.
William A.M. Burden:
„Peggy and I", New York 1982.
Rudolf Caracciola und Oskar Weller:
„Rennen-Sieg-Rekorde!", Union Deutsche Verlagsgesellschaft, Stuttgart 1943.
Daimler AG (Hrsg.):
„Magische Momente" (5 DVDs), Telepool GmbH, München 2013
„Mercedes-Benz SL", Motorbuch-Verlag, Stuttgart 2016.
„Chronik", Stuttgart 2011.
Paul Frère und Julius Weitmann:
„Mercedes-Benz C 111", Edita-Verlag S.A., Lausanne 1981.
Alfred Neubauer und Harvey T. Rowe:
„Männer Frauen und Motoren", Motorbuch-Verlag, Stuttgart 1970.
Max Kruk und Gerold Lingnau:
„Daimler-Benz – Das Unternehmen", Daimler-Benz Edition Hase & Koehler Verlag, Mainz 1986.
Karl Ludvigsen:
„Mercedes-Benz Renn- und Sportwagen", Bleicher-Verlag, Gerlingen 1981.
Werner Oswald:
„Mercedes-Benz Personenwagen", Motorbuch-Verlag, Stuttgart 1986.
Paul Simsa und Jürgen Lewandowski:
„Sterne, Stars und Majestäten", Verlag Stadler, Konstanz 1997.
Louis Sugahara:
„Mercedes-Benz Grand Prix Race Cars 1934–1955", Classique Car Library, 2004.
Peter Vann (Hrsg.):
„Mythos Mercedes", Praetor & Rindlisbacher Verlagsgesellschaft mbH, Reutlingen 1994.
Christof Vieweg:
„Mercedes-Benz Traumwagen", Delius Klasing Verlag, Bielefeld 2009.
„Silberpfeile und Siegertypen – Mercedes-Benz Motorsport 1894 bis 1955", Edition SternZeit, Sipplingen 2015.
„Mercedes-Benz – Das Buch", Edition SternZeit, Sipplingen 2016.
„Rekordwagen – Die schnellsten Mercedes-Modelle aller Zeiten", Edition SternZeit, Sipplingen 2017.